Joel Philip Thekkekara
Vinayak Bharadi

Sistema de reconhecimento de assinaturas como SaaS no Microsoft Azure para tablets

Joel Philip Thekkekara
Vinayak Bharadi

Sistema de reconhecimento de assinaturas como SaaS no Microsoft Azure para tablets

Uma abordagem inovadora

ScienciaScripts

Imprint
Any brand names and product names mentioned in this book are subject to trademark, brand or patent protection and are trademarks or registered trademarks of their respective holders. The use of brand names, product names, common names, trade names, product descriptions etc. even without a particular marking in this work is in no way to be construed to mean that such names may be regarded as unrestricted in respect of trademark and brand protection legislation and could thus be used by anyone.

Cover image: www.ingimage.com

This book is a translation from the original published under ISBN 978-620-2-00316-2.

Publisher:
Sciencia Scripts
is a trademark of
Dodo Books Indian Ocean Ltd. and OmniScriptum S.R.L publishing group

120 High Road, East Finchley, London, N2 9ED, United Kingdom
Str. Armeneasca 28/1, office 1, Chisinau MD-2012, Republic of Moldova, Europe
Printed at: see last page
ISBN: 978-620-7-66434-4

Índice de conteúdos:

RECONHECIMENTO

Porque eu conheço os planos que tenho para ti, diz o Senhor; planos para te fazer prosperar e não para te prejudicar; planos para te dar uma esperança e um futuro. - Jeremias 29:11

Antes de mais, louvores e agradecimentos a Jesus Todo-Poderoso, pelas Suas bênçãos ao longo do meu trabalho de investigação, sem as quais a conclusão desta investigação não teria sido bem sucedida.

É para mim um momento de imensa satisfação expressar a minha profunda gratidão ao meu orientador de investigação, **Dr. Vinayak A. Bharadi,** cujo constante encorajamento me permitiu trabalhar com entusiasmo. Ensinou-me a questionar pensamentos e a exprimir ideias e a recuperar quando os meus passos vacilavam. A sua paciência e apoio ajudaram-me a ultrapassar muitas situações cruciais e a concluir esta investigação. Trabalhar sob a sua orientação foi uma experiência frutuosa e inesquecível. A conclusão deste projeto não teria sido possível sem o seu encorajamento, a sua orientação paciente e o seu apoio constante.

Acima de tudo, nada disto teria sido possível sem o amor e a paciência da minha família. A minha família, a quem esta dissertação é dedicada, tem sido uma fonte constante de amor, preocupação, apoio e força ao longo de todos estes anos. A minha família ajudou-me e encorajou-me ao longo de todo este percurso. Tenho de fazer uma menção especial ao apoio dado pelo **Sr. M. V. Philipose,** pela **Sra. Susamma Philipose** e pela minha querida amiga **Miss. Dhvani Shah**, que tem sido uma fonte constante de orientação, encorajamento e apoio para a realização deste livro de investigação.

Thekkekara Joel Filipe

Resumo

Os desenvolvimentos no domínio das tecnologias da informação também fazem da segurança da informação uma parte integrante das mesmas. Para lidar com a segurança, a autenticação desempenha um papel imperativo. Neste estudo, a biometria é utilizada para a autenticação, que também descreve a forma como aproveita os recursos computacionais ilimitados da nuvem e as propriedades impressionantes de flexibilidade, escalabilidade e redução de custos, a fim de reduzir o custo dos requisitos do sistema biométrico. O objetivo desta investigação é conceber uma arquitetura biométrica baseada na nuvem para o reconhecimento de assinaturas em linha no Windows Tablet PC, o que tornará o Sistema de Reconhecimento de Assinaturas (SRS) mais escalável, conectável e rápido, classificando-o assim na categoria "Bring Your Own Device". Para extrair as características da assinatura que permitem identificar o utilizador de forma inequívoca, é utilizado o processo Webber Local Descriptor (WLD). A execução deste processo de extração de características, bem como a implementação do classificador para o processo de verificação, são implementadas na nuvem pública Microsoft Azure. Para a avaliação do desempenho, são utilizados o rácio de aceitação total (TAR) e o rácio de rejeição total (TTR).

Além disso, dez assinaturas de cada utilizador capturadas do tablet PC são armazenadas no armazenamento de blob do Azure. Do lado do cliente, depois de capturar as assinaturas, é feita uma chamada para a API Restful, que é implantada como um serviço de aplicação do Azure (função Web) na plataforma de nuvem do Azure, o que torna a arquitetura do cliente mais simples. A API Restful actua como a camada de comunicação entre o lado do cliente e o lado do servidor, ou seja, a plataforma de nuvem. O processo WLD é implementado como um serviço de função de trabalhador.

A capacidade de armazenamento ilimitada e o elevado poder de processamento da arquitetura da nuvem fazem deste SRS um sistema biométrico altamente escalável, flexível, mais rápido e de baixo custo. Esta investigação pode ser publicada como Software-as-a-Service (SaaS) para os clientes. O sistema de assinatura em linha proposto dá 78,10 % de PI (índice de desempenho) e 0,16 SPI (índice de desempenho de segurança).

Assim, este SaaS pode ser utilizado para todos os sistemas em que a autenticação é necessária, por exemplo, bancos, sistemas de atendimento, etc. A única preocupação prende-se com a segurança das características armazenadas como ficheiros de texto no armazenamento em nuvem, uma vez que são armazenadas na nuvem. Mas isso pode ser resolvido com a implementação de algoritmos criptográficos e de segurança no futuro. A conetividade à Internet é obrigatória nos dispositivos dos clientes para explorar este serviço. Assim, esta dissertação é um sistema de reconhecimento biométrico de assinaturas de baixo custo, portátil, escalável e flexível.

Capítulo 1
Introdução

Na sociedade atual, os avanços tecnológicos tornaram a vida mais fácil, proporcionando-nos níveis mais elevados de conhecimento através da descoberta de diferentes dispositivos. No entanto, cada inovação tecnológica encerra o potencial de ameaças ocultas para os seus utilizadores. Um dos principais riscos é o roubo de dados e informações pessoais privados. À medida que os dados digitais se tornam mais prevalecentes, os utilizadores tentam proteger as suas informações com palavras-passe e cartões de identificação altamente encriptados. No entanto, a utilização indevida e o roubo destas medidas de segurança também estão a aumentar. Aproveitando as falhas de segurança dos cartões de identificação, os cartões podem ser duplicados ou contrafeitos e utilizados indevidamente. Esta batalha crescente contra a cibersegurança levou ao nascimento de sistemas de segurança biométricos.

Uma das maiores prioridades no mundo da segurança da informação é a aprovação de que uma pessoa que acede a informações sensíveis, confidenciais ou classificadas está autorizada a fazê-lo. Esse acesso é normalmente efectuado através da prova da identidade de uma pessoa mediante a utilização de algum meio ou método de autenticação. Uma pessoa deve ser capaz de validar quem diz ser antes de aceder às informações e, se não o conseguir fazer, o acesso será negado. De um modo geral, um sistema pode identificá-lo como um utilizador autorizado de uma de três formas - o que sabe, o que tem ou o que é. O mais utilizado dos três métodos é o que sabemos - palavras-passe ou outras informações pessoais. Um método mais sofisticado de autenticação é o que temos - cartões inteligentes e tokens. O último método é o que somos - tecnologia biométrica.

As soluções baseadas na biometria permitem efetuar transacções financeiras confidenciais e garantir a privacidade dos dados pessoais. A necessidade de biometria pode ser encontrada nos governos federal, estatal e local, nas forças armadas e em aplicações comerciais. As infra-estruturas de segurança das redes de toda a empresa, as identificações governamentais, a banca eletrónica segura, os investimentos e outras transacções financeiras, as vendas a retalho, a aplicação da lei e os serviços sociais e de saúde já estão a beneficiar destas tecnologias.

1.1 Biometria

O Conselho Nacional de Ciência e Tecnologia apresenta a seguinte panorâmica dos componentes dos sistemas biométricos: "Um sistema biométrico típico é composto por cinco componentes integrados: É utilizado um sensor para recolher os dados e converter a informação para um formato digital. Os algoritmos de processamento de sinais realizam actividades de controlo de qualidade e desenvolvem o modelo biométrico. Um componente de armazenamento de dados guarda a informação com a qual os novos modelos biométricos serão comparados. Um algoritmo de correspondência compara o novo modelo biométrico com um ou mais modelos mantidos no armazenamento de dados. Finalmente, um processo de decisão (automatizado ou assistido por humanos) utiliza os resultados da componente de correspondência para tomar uma decisão a nível do sistema."

Os sistemas biométricos são vulneráveis a dois tipos de falhas: um falso-positivo, em que um sistema identifica falsamente um impostor como um utilizador válido, e um falso-negativo, em que o sistema não consegue fazer uma correspondência entre um utilizador válido e o modelo armazenado. Como nenhum identificador é infalível, a utilização de mais do que um método, como uma medida biométrica para além de um número de identificação pessoal, pode aumentar a segurança.

De facto, à medida que mais interacções se processam eletronicamente, torna-se ainda mais importante receber uma verificação eletrónica da individualidade de uma pessoa. Até há pouco tempo, a verificação eletrónica era de dois tipos. Baseava-se em algo que a pessoa tinha na sua posse, como um cartão magnético, ou em algo que conhecia, como uma palavra-passe. O problema é que estas formas de identificação eletrónica não são muito seguras, porque podem ser dadas, levadas ou perdidas e pessoas motivadas encontraram formas de forjar ou contornar estas credenciais. O último tipo de verificação eletrónica de uma pessoa é a biometria.

Na biometria, uma pessoa é identificada com base nas suas características fisiológicas ou comportamentais, como a leitura do dedo, da retina, da íris, da voz, da assinatura, etc. Ao aplicar esta técnica, as características fisiológicas de uma pessoa podem ser transformadas em processos electrónicos que são baratos e confortáveis de aplicar. Estas características podem identificar uma pessoa de forma inequívoca, substituindo os métodos de segurança tradicionais através de duas grandes melhorias: a biometria pertencente a uma pessoa não pode ser facilmente roubada e não é necessário memorizar uma palavra-passe. Uma vez que a biometria tem provado resolver melhor problemas como o controlo de acesso, a fraude e o roubo, cada vez mais organizações e institutos estão a considerar a biometria como uma solução para os seus problemas de segurança.

Um sistema biométrico é um esquema técnico que utiliza dados de uma pessoa para reconhecer um indivíduo. Os sistemas biométricos necessitam de um tipo específico de dados, que se referem a características biológicas únicas, para funcionarem eficazmente. Um sistema biométrico implica a movimentação da identificação humana através de algoritmos para um determinado resultado, como o reconhecimento positivo de um utilizador de uma pessoa. Um sistema biométrico é basicamente um sistema de reconhecimento de padrões que funciona através da aquisição de dados biométricos de um indivíduo, da extração de um conjunto de características dos dados adquiridos e da comparação deste conjunto de características com o conjunto de modelos da base de dados.

Consideremos qualquer um dos traços biométricos, por exemplo, as assinaturas. Antes de utilizar o sistema biométrico, o utilizador tem de registar os seus traços biométricos no sistema biométrico. Neste caso, a assinatura é considerada um dos traços biométricos. Para a operação de registo, a informação da assinatura de um indivíduo é recolhida num bloco de assinaturas que é processado como se mostra na Figura 1.1 e armazenado na base de dados. Uma vez armazenada a informação sobre a assinatura, o utilizador pode começar a utilizar o sistema biométrico para verificação ou identificação, como se descreve nas secções seguintes

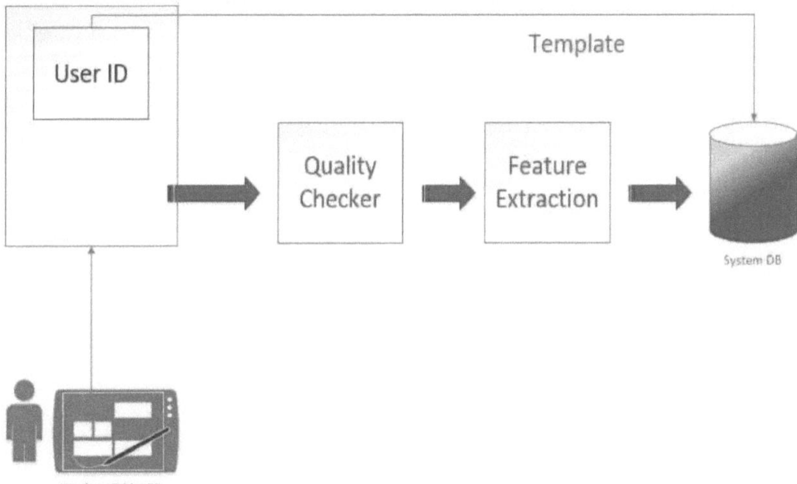

Figura 1.1: Diagrama de blocos do registo

Dependendo das necessidades do utilizador, um sistema biométrico pode funcionar quer em modo de verificação quer em modo de identificação.

- **Modo de verificação:**

No modo de verificação, ilustrado na figura 1.2, o sistema verifica a identidade de uma pessoa comparando os dados de assinatura captados com o seu próprio modelo de assinatura armazenado na base de dados de assinaturas. Quando uma pessoa pretende ser verificada, reivindica uma identidade assinando no teclado de assinatura e apresentando a sua assinatura ao sistema, que utiliza um método de comparação para determinar se a reivindicação do utilizador é válida ou não. A verificação da identidade é normalmente utilizada para a identificação positiva, em que o objetivo é evitar a falsificação da identidade.

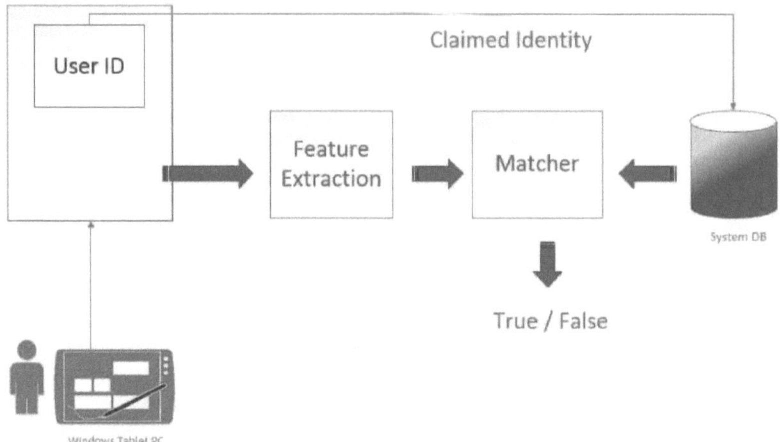

Figura 1.2: Diagrama de blocos da verificação

- **Modo de identificação:**

No modo de identificação, tal como ilustrado na Figura 1.3, o sistema identifica uma pessoa comparando o modelo de assinatura da pessoa com os modelos de assinatura de todos os utilizadores na base de dados para obter uma correspondência. Assim, o sistema de assinatura efectua uma comparação um-para-muitos para identificar a identidade de uma pessoa, sem que o sujeito tenha de reivindicar uma identidade. A identificação é um componente crítico em aplicações de reconhecimento negativo, em que o sistema estabelece se a pessoa é quem ela (implícita ou explicitamente) nega ser.

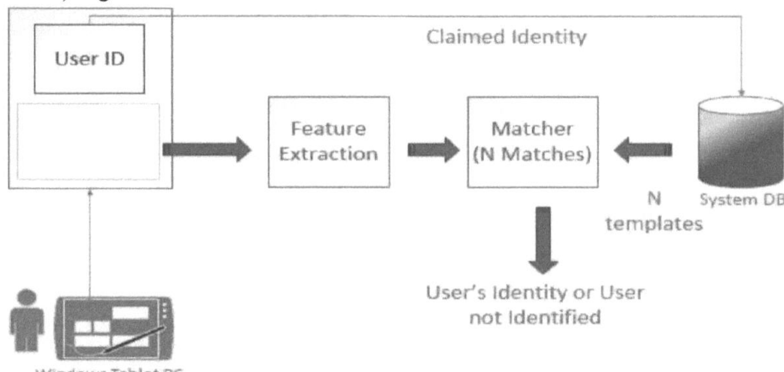

Figura 1.3: Diagrama de blocos do modo de identificação

O objetivo do modo de identificação é impedir que uma única pessoa crie vários modelos de assinatura na base de dados. Com os métodos tradicionais de reconhecimento pessoal, tais como palavras-passe, PINs, chaves e fichas, só é possível efetuar um reconhecimento positivo. O reconhecimento negativo não pode ser efectuado por estes métodos tradicionais. Mas com a biometria, tanto o reconhecimento positivo como o negativo podem ser efectuados.

1.2 Tecnologias biométricas

Existem várias características biométricas que estão a ser utilizadas em diversas aplicações. Cada biometria tem os seus pontos fortes e fracos, e a escolha depende da aplicação. Não se espera que uma única biometria satisfaça efetivamente os requisitos de todas as aplicações. Por outras palavras, nenhuma biometria é "óptima". A correspondência entre uma biometria específica e uma aplicação é determinada em função do modo de funcionamento da aplicação e das propriedades da caraterística biométrica.

1.2.1 Reconhecimento de rostos

O reconhecimento facial é um processo em que uma parte do rosto de uma pessoa é fotografada e a imagem resultante é reduzida a um código digital. Baseia-se na localização e na forma dos atributos faciais, como olhos, sobrancelhas, nariz, lábios, etc. O reconhecimento facial analisa as características faciais. Requer uma câmara digital para criar uma imagem facial do utilizador para autenticação. Dado que o reconhecimento facial necessita de um periférico adicional que não é habitualmente incluído nos PCs básicos, é mais
de um nicho de mercado para a autenticação em rede [1]. Com as câmaras de segurança presentes em vários locais públicos, o reconhecimento facial é uma opção viável para a identificação biométrica.

- Vantagens:

1) Uma fotografia individual pode ser tirada à distância e a pessoa não faz ideia de que a sua fotografia foi tirada pelo sistema. Além disso, se for utilizado um termograma, mesmo que a pessoa esteja a usar uma máscara, pode ser identificada.

- Desvantagens:

1) Os indivíduos podem alterar as suas expressões faciais ou mesmo mudar o seu penteado para enganar o sistema. Além disso, alguns sistemas têm dificuldade em manter níveis elevados de precisão à medida que a dimensão da base de dados aumenta.
2) Os diferentes ângulos das poses afectam todo o processo de reconhecimento facial.

1.2.2 Reconhecimento de impressões digitais

A identificação por impressões digitais continua a ser um dos métodos de identificação biométrica mais utilizados e fiáveis [2]. Os algoritmos de verificação e identificação de impressões digitais podem ser classificados em duas categorias: baseados em imagens e baseados em minúcias. Os métodos baseados em imagens incluem métodos que envolvem correlação ótica e características baseadas em transformações. Outros aspectos da identificação de impressões digitais são a orientação, a segmentação e a deteção de pontos centrais. Atualmente, este sistema é designado por AFRS (Automated Fingerprint Recognition System).

À medida que os preços destes dispositivos e os custos de processamento diminuem, a utilização de impressões digitais para verificação do utilizador está a ganhar aceitação, apesar do estigma de crime comum.

- Vantagens:

1) É muito fácil de utilizar.
2) O aparelho é muito barato e portátil.
3) O consumo de energia dos dispositivos é muito reduzido.

- Desvantagens:

1) O sistema necessita de uma grande quantidade de recursos computacionais, especialmente quando está a funcionar no modo de identificação.
2) As impressões digitais constituídas apenas por uma pequena fração podem não ser adequadas para identificação.

1.2.3 Análise IRIS

A íris pode ser utilizada como uma pista biométrica para o reconhecimento de pessoas. A riqueza e a variabilidade observadas na textura da íris devem-se à aglomeração de múltiplas entidades anatómicas que compõem a sua estrutura. Uma biometria baseada na íris [3], por outro lado, envolve a análise de características encontradas no anel colorido de tecido que a rodeia. A leitura da íris, sem dúvida a menos intrusiva das biometrias relacionadas com os olhos, utiliza um elemento de câmara bastante convencional e não requer um contacto próximo entre o utilizador e o leitor.

- Vantagens:

1) Detecta facilmente íris artificiais.
2) O padrão da íris não é afetado pelos óculos, lentes de contacto e até mesmo pela cirurgia.
3) Até os gémeos têm padrões diferentes de Iris.

- Desvantagens:

1) Os aparelhos são muito dispendiosos.
2) A pessoa deve permanecer imóvel durante o processo de inscrição ou reconhecimento.

1.2.4 Digitalização de retina

No scanning da retina, é feito um exame eletrónico da retina - a camada mais interna da parede do globo ocular. Os vasos cegos na parte de trás do olho de uma pessoa têm padrões únicos. Os dois olhos de uma pessoa têm dois padrões diferentes. No scanner de retina, este padrão é utilizado para identificar um indivíduo. O scanner de retina emite um feixe de luz no olho da pessoa, que depois reflecte na retina da pessoa e regressa ao scanner, após o que o dispositivo de scanner de retina mapeia rapidamente o padrão dos vasos sanguíneos do olho e regista-o numa base de dados.

- Vantagens:

1) Elevada precisão.
2) Os padrões da retina não se alteram ao longo da vida de uma pessoa.

- Desvantagens:

1) O processo de leitura da retina é lento.
2) O scanner de retina pode revelar certas condições médicas da pessoa.

1.2.5 Verificação da assinatura

O reconhecimento de assinaturas utiliza um digitalizador para registar padrões da assinatura de uma pessoa, como a velocidade da caneta/estilete, a pressão, a direção da assinatura e outras características. Existem dois tipos principais de verificação de assinaturas: estática e dinâmica. A estática é mais frequentemente uma comparação visual entre uma assinatura digitalizada e outra assinatura digitalizada, ou uma assinatura digitalizada contra uma assinatura a tinta. No reconhecimento dinâmico de assinaturas, a assinatura é retirada do digitalizador e comparada com os modelos de assinatura existentes na base de dados.

As pessoas estão habituadas às assinaturas como meio de verificação da identidade relacionada com as transacções e a maioria não veria nada de anormal em alargar esta possibilidade à biometria. Os dispositivos de verificação de assinaturas têm um funcionamento razoavelmente preciso e prestam-se obviamente a aplicações em que a assinatura é um identificador aceite. O principal domínio de aplicação de uma assinatura manuscrita é a banca, o comércio eletrónico e a autenticação de documentos.

- Vantagens:

1) É muito mais fácil e mais barato.
2) Não consome muito tempo durante todo o processo; apenas o tempo necessário para a assinatura é utilizado para verificação.

- Desvantagens:

1) As assinaturas são uma biometria comportamental que se altera ao longo do tempo e é influenciada pelas condições físicas e emocionais dos signatários.
2) As impressões sucessivas das assinaturas de algumas pessoas são significativamente diferentes.

1.3 Computação em nuvem

A computação em nuvem é definida como um tipo de computação que se baseia na partilha de recursos informáticos em vez de ter servidores locais ou dispositivos pessoais para gerir aplicações. A computação em nuvem é um sistema que permite o acesso ubíquo, conveniente e a pedido, através da rede, a recursos informáticos partilhados e configuráveis que podem ser rapidamente disponibilizados e libertados com um esforço marginal de gestão ou de interface com o fornecedor de serviços [4]. Algumas das características significativas da computação em nuvem são

- Autosserviço a pedido
- Um acesso alargado à rede
- Agrupamento de recursos
- Elasticidade rápida
- Serviço medido

As aplicações empresariais estão a migrar para a nuvem. Não se trata apenas de uma moda passageira - a mudança dos modelos de software tradicionais para a Internet tem vindo a ganhar força nos últimos 10 anos. Olhando para o futuro, a próxima década de computação em nuvem promete novas formas de colaborar em qualquer lugar, através de dispositivos móveis. As aplicações empresariais tradicionais sempre foram muito complicadas e dispendiosas. A quantidade e a variedade de hardware e software necessários para as gerir são assustadoras. É necessária uma equipa inteira de especialistas para as instalar, configurar, testar, executar, proteger e atualizar. Quando este esforço é multiplicado por dezenas ou centenas de aplicações, é fácil descobrir porque é que as maiores empresas com os melhores departamentos de TI não estão a conseguir as aplicações de que necessitam. As pequenas e médias empresas não têm qualquer hipótese.

Com a computação em nuvem, o programador elimina essas dores de cabeça porque não está a gerir hardware e software, que é da responsabilidade de um fornecedor experiente como a salesforce.com, AWS, Azure, etc. A infraestrutura partilhada significa que funciona como um serviço público: o programador só paga o que precisa, as actualizações são automáticas e é fácil aumentar ou diminuir a escala. As aplicações baseadas na nuvem podem estar a funcionar em dias ou semanas e custam menos. Com uma aplicação na nuvem, o programador apenas abre um browser, inicia sessão, personaliza a aplicação e sai a utilizá-la. As empresas comerciais estão a utilizar todo o tipo de aplicações na nuvem, como a gestão das relações com os clientes (CRM), RH, contabilidade e muito mais. Algumas das maiores empresas do mundo transferiram as suas aplicações para a nuvem com a salesforce.com, AWS, azure, depois de testarem rigorosamente a segurança e a fiabilidade da nossa infraestrutura.

À medida que a computação em nuvem cresce em popularidade, milhares de empresas estão simplesmente a mudar a marca dos seus produtos e serviços que não são de nuvem para "computação em nuvem". Ao avaliar as ofertas de serviços de computação em nuvem, é sempre necessário aprofundar a questão e ter em conta que, se o programador tiver de comprar e gerir hardware e software, o que está a ver não é realmente computação em nuvem, mas uma falsa nuvem. As aplicações na nuvem são oferecidas como um dos três principais modelos de serviço

- **Software como serviço (SaaS):** O software como serviço (ou SaaS) é um meio de fornecer aplicações através da Internet como um serviço, como mostra a Figura 1.4. Em vez de instalar e manter o software, o programador apenas acede ao mesmo através da Internet, libertando-se de uma gestão complexa do software e do hardware. O fornecedor de SaaS gere o acesso à aplicação, incluindo a segurança, a acessibilidade e o desempenho. Os clientes SaaS não têm de adquirir, configurar, manter ou atualizar qualquer hardware ou software. O acesso às aplicações é fácil, uma vez que o programador apenas necessita de uma ligação à Internet.

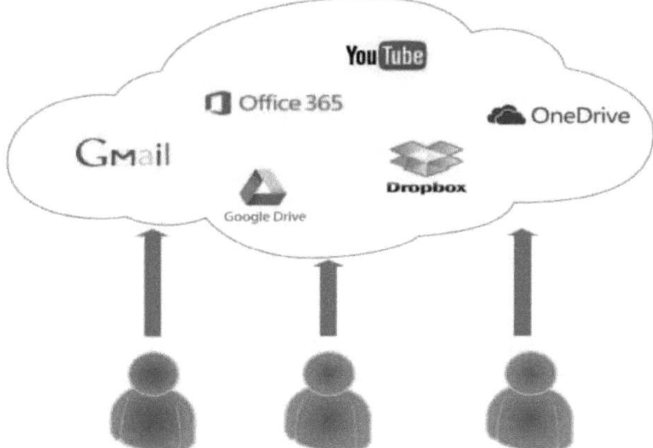

Figura 1.4: Modelo de software como serviço [63]

- **Plataforma como um serviço (PaaS):** Criar e executar aplicações no local sempre foi complexo, caro e lento. Cada aplicação exigia hardware, um sistema operativo, uma base de dados, middleware, servidores Web e outro software. Uma vez reunida a pilha, uma equipa de programadores tinha de navegar por estruturas como J2EE, .NET, etc. Era necessária uma equipa de especialistas em redes, bases de dados e gestão de sistemas para manter tudo a funcionar.

  A PaaS fornece toda a infraestrutura necessária para desenvolver e executar aplicações através da Internet, como mostra a Figura 1.5. Os utilizadores podem aceder a aplicações personalizadas criadas na nuvem, tal como as suas aplicações SaaS, enquanto os departamentos de TI e os ISV podem concentrar-se na inovação e não em infra-estruturas complexas. A PaaS está a impulsionar uma nova era de inovação em massa e de agilidade empresarial. Pela primeira vez, os programadores podem concentrar-se na experiência em aplicações para o seu negócio, e não na gestão de infra-estruturas complexas de hardware e software.

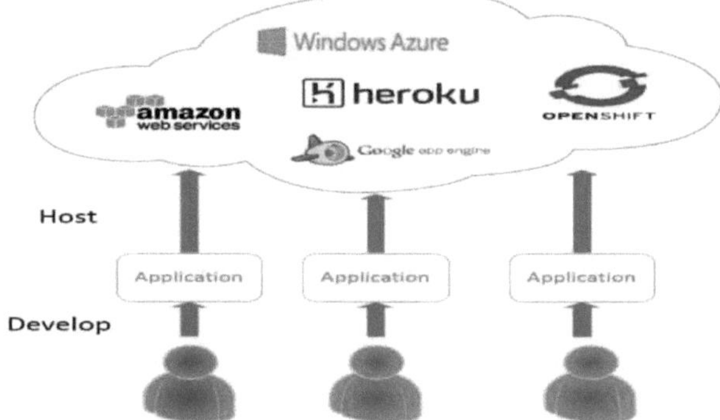

Figura 1.5: Modelo de plataforma como serviço [63]

- **Infraestrutura como serviço (IaaS):** A infraestrutura como serviço fornece às empresas recursos de computação, incluindo servidores, redes, armazenamento e espaço no centro de dados, com base no pagamento por utilização. A infraestrutura como serviço (IaaS) é um tipo de computação em nuvem em que um provedor terceirizado hospeda recursos de computação virtualizados pela Internet, conforme mostrado na Figura 1.6. As plataformas de IaaS oferecem recursos altamente escaláveis que podem ser ajustados a pedido. Os clientes de IaaS pagam numa base de utilização, normalmente por hora, semana ou mês. Este modelo de pagamento à medida que se vai utilizando elimina as despesas de capital inerentes à implantação de hardware e software internos.

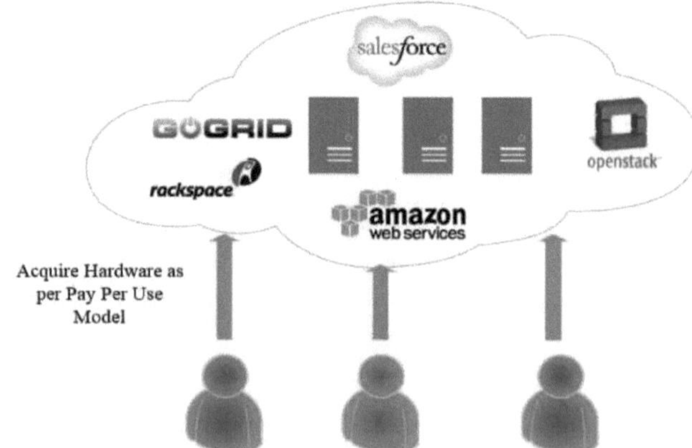

Figura 1.6: Modelo de Infraestrutura como Serviço [63]

A configuração da nuvem é implementada em cinco modelos de implementação diferentes, como se segue.

- **Nuvem pública:** As nuvens públicas pertencem e são operadas por empresas que as utilizam para oferecer acesso rápido a recursos de computação a preços acessíveis a outras organizações ou indivíduos, conforme mostrado na Figura 1.7. Com os serviços de nuvem pública, os utilizadores não precisam de comprar hardware, software ou infra-estruturas de apoio, que são detidos e geridos pelos fornecedores.

Figura 1.7: Nuvem pública [63]

- **Nuvem privada:** Uma nuvem privada pertence e é operada por uma única empresa que controla a forma como os recursos virtualizados e os serviços automatizados são personalizados e usados por várias linhas de negócios e grupos constituintes, conforme mostrado na Figura 1.8. As nuvens privadas existem para aproveitar muitas das eficiências da nuvem, ao mesmo tempo em que fornecem mais controle dos recursos e evitam a ocupação múltipla.

Figura 1.8: Nuvem privada [63]

- **Nuvem híbrida:** Uma nuvem híbrida usa uma base de nuvem privada combinada com o uso estratégico de serviços de nuvem pública. A realidade é que uma nuvem privada não pode existir isolada do restante dos recursos de TI de uma empresa e da nuvem pública. A maioria das empresas com nuvens privadas evoluirá para gerenciar cargas de trabalho em centros de dados, nuvens privadas e nuvens públicas, criando assim nuvens híbridas, conforme mostrado na Figura 1.9.

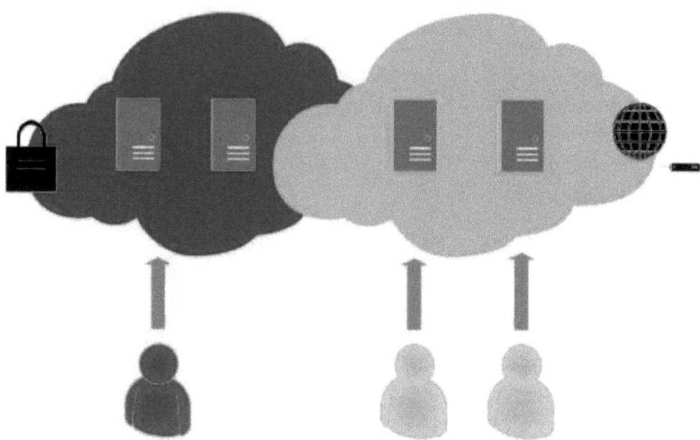

Figura 1.9: Nuvem híbrida [63]

Em suma, a infraestrutura de computação em nuvem tem cinco características essenciais, três modelos de serviços e quatro modelos de implantação [4] [5] [6] [7].

1.4 Declaração do problema

O reconhecimento de assinaturas em linha é uma das formas mais populares de identificação de indivíduos com base nas suas características comportamentais. Este projeto implementa um sistema dinâmico de reconhecimento de assinaturas utilizando o descritor local Webber para parâmetros como a pressão, o azimute, a altitude, o carimbo de data/hora e características biométricas suaves. As características biométricas suaves foram adicionadas para melhorar a precisão. Depois de adicionar esta caraterística adicional, os resultados foram melhores do que a técnica anterior melhorada do descritor local Webber [8].

Para otimizar os resultados e melhorar o desempenho do sistema de reconhecimento dinâmico de assinaturas acima referido, o sistema foi implementado numa arquitetura baseada na nuvem pública, utilizando uma arquitetura de software como serviço (SaaS). Esta arquitetura proposta de um sistema de reconhecimento dinâmico de assinaturas foi construída na plataforma de computação em nuvem Microsoft Windows Azure. A arquitetura proposta garante a escalabilidade adequada da tecnologia, quantidades suficientes de armazenamento, capacidades de processamento paralelo e, com a disponibilidade generalizada de dispositivos móveis, também fornece um ponto de entrada acessível para várias aplicações e serviços que dependem de clientes móveis. Esta arquitetura proposta é capaz de abordar questões relacionadas com a próxima geração de tecnologia biométrica, mas ao mesmo tempo oferece novas possibilidades de aplicação para a atual geração de sistemas biométricos.

A arquitetura acima proposta foi testada intensivamente num sistema de reconhecimento de assinaturas em linha com elevada intensidade de computação, utilizando o mecanismo de extração de vectores de características Webber Local Descriptor. O tempo que o sistema autónomo tradicional demorou a extrair o vetor de características com base na técnica de extração de vectores de características Webber Local Descriptor foi de cerca de uma hora e quarenta e cinco minutos, ao passo que o tempo que a arquitetura proposta demorou a extrair o vetor de características para a mesma técnica foi inferior a 6 minutos. Além disso, a arquitetura proposta oferece escalabilidade, capacidade de ligação e um sistema de reconhecimento de assinaturas em linha mais rápido.

Para aumentar a versatilidade do processo de verificação do sistema de reconhecimento de assinaturas em linha, é concebido um classificador. O classificador foi concebido a partir de um conjunto de assinaturas de treino e, em seguida, determina os limiares de classificação com base nas características das assinaturas de treino. O limiar está a ser avaliado com base no conjunto de assinaturas de treino e a decisão é tomada após a comparação dos valores dos coeficientes calculados pelo método do coeficiente de regressão alargado com os limiares.

A etapa final consiste em analisar o desempenho da arquitetura proposta para o sistema de reconhecimento de assinaturas em linha. A análise TAR-TRR (índice de desempenho PI) será efectuada em testes intra-classe e inter-classe. As métricas de desempenho, como o índice de desempenho (PI) e o índice de desempenho de segurança (SPI), serão utilizadas para a avaliação e a validação final será efectuada comparando os resultados com o sistema existente [8] [9].

1.5 Resumo

Este capítulo esclarece as várias formas de identificação e verificação de pessoas disponíveis no mercado. Fala das suas preocupações em termos de segurança e da forma como a utilização da tecnologia biométrica para efeitos de identificação e verificação permite ultrapassar essas preocupações. Este capítulo explica várias tecnologias biométricas populares, como o reconhecimento facial, o reconhecimento de impressões digitais, a digitalização IRIS, a digitalização de retina e a verificação de assinaturas, com as suas vantagens e desvantagens. A computação em nuvem foi aqui abordada com os seus vários modelos de serviço e de implantação disponíveis. A definição do problema foi formulada, dando uma breve panorâmica do trabalho efectuado. No capítulo seguinte, será abordada em pormenor a teoria relacionada com este trabalho.

Capítulo 2
Teoria

2.1 Tecnologias do Windows Azure

O Azure é a plataforma baseada na nuvem da Microsoft, uma coleção crescente de serviços integrados, como computação, armazenamento, dados, redes e aplicações, que ajudam os programadores a avançar mais rapidamente, a fazer mais e a poupar dinheiro.

2.1.1 Serviços em nuvem

Os serviços em nuvem são um modelo de plataforma como serviço (PaaS). Tal como os sítios Web, a tecnologia dos serviços em nuvem foi concebida para suportar aplicações fiáveis, escaláveis e de funcionamento económico. Tal como os sítios Web, os serviços em nuvem baseiam-se em máquinas virtuais, mas permitem um maior controlo sobre as máquinas virtuais do que os sítios Web. O programador pode configurar o seu próprio software em VMs de serviços em nuvem e pode aceder-lhes remotamente. A Figura 3.12 ilustra esta ideia. Mais controlo também significa menos facilidade de utilização; a menos que o programador necessite das opções de controlo adicionais, é normalmente mais ágil e mais fácil iniciar uma aplicação Web em Websites do que em Serviços em Nuvem. A tecnologia fornece duas opções de VM ligeiramente diferentes: as instâncias de funções Web executam uma variante do Windows Server com o IIS integrado, enquanto as instâncias de funções de trabalho executam a mesma variante do Windows Server sem o IIS. Um aplicativo de serviços em nuvem depende de alguma combinação dessas duas alternativas.

Por exemplo, uma aplicação simples pode empregar apenas uma função web, enquanto uma aplicação mais complexa pode empregar uma função web para gerenciar as solicitações de entrada dos usuários e a função worker para processar essas solicitações. Como sugere a Figura 2.1, todas as VMs em um único aplicativo são executadas no mesmo serviço de nuvem. Por isso, os usuários acessam o aplicativo por meio de um único endereço IP público, com solicitações automaticamente balanceadas entre as VMs do aplicativo. Embora os aplicativos sejam executados em máquinas virtuais, é importante ver que o Cloud Services fornece PaaS, não IaaS. Eis uma forma de o recordar: com o IaaS, como as Máquinas Virtuais do Azure, o programador cria e configura primeiro o ambiente em que a aplicação será executada e, em seguida, implementa a aplicação nesse ambiente. O programador é responsável por supervisionar grande parte deste mundo, fazendo coisas como a implementação de novas versões corrigidas do sistema operativo em cada VM. Com a PaaS, pelo contrário, o ambiente já existe. Tudo o que o programador tem de fazer é implementar as aplicações. A gestão da plataforma em que são executadas trata de operações como a implementação de novas versões do sistema operativo, para o programador.

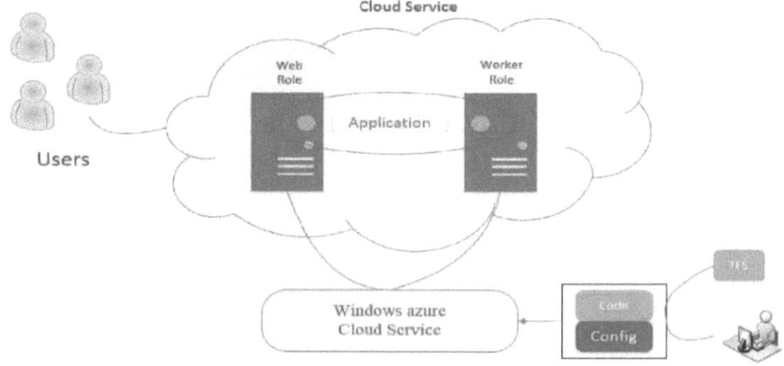

Figura 2.1: Os Serviços de Nuvem do Azure fornecem a Plataforma como um Serviço [63]

Com os Serviços em Nuvem, o desenvolvedor não cria máquinas virtuais. Em vez disso, o programador fornece um ficheiro de configuração que indica ao Azure o número de instâncias de funções Web e de funções de trabalho de que o programador necessita, e a plataforma cria-as. O programador continua a ter de escolher o tamanho dessas VMs, as opções são as mesmas que as das VMs do Azure, mas não as cria explicitamente. Se a aplicação precisar de lidar com uma carga maior, o programador pode pedir mais VMs, e o Azure criará essas instâncias. Se a carga diminuir, o programador pode encerrar essas instâncias e acabar por pagar por elas.

Uma aplicação de serviços em nuvem é normalmente disponibilizada aos utilizadores através de um processo em duas etapas. No primeiro passo, o programador carrega a aplicação para a área de preparação da plataforma. Na segunda etapa, quando o desenvolvedor estiver pronto para colocar a aplicação em funcionamento, ele usa o Portal de gerenciamento para solicitar que ela seja transferida para o estágio de produção. Esta mudança entre a fase de teste e a fase de produção pode ser executada sem tempo de inatividade, o que permite que uma aplicação em execução seja actualizada para uma nova versão sem perturbar os seus utilizadores.

A natureza PaaS dos serviços em nuvem também tem outras implicações. Uma das mais significativas é que os aplicativos criados com essa tecnologia devem ser compostos para serem executados corretamente quando qualquer instância de função da Web ou de trabalho falhar. Para isso, um aplicativo de serviços em nuvem não deve manter o estado no sistema de arquivos de suas próprias VMs. As gravações feitas nas VMs dos serviços de nuvem não são persistentes; não há nada como um disco de dados da máquina virtual. Em vez disso, um aplicativo de serviços em nuvem deve gravar explicitamente todos os estados em bolhas, tabelas ou alguma outra memória externa do computador. A criação de aplicativos dessa forma facilita o escalonamento e os torna mais imunes a falhas, dois objetivos importantes dos serviços em nuvem [10] [11] [12].

2.1.2 Serviços de armazenamento do Azure

A computação em nuvem permite novos cenários para aplicações que requerem armazenamento fiável, escalável e altamente disponível para os seus dados. O Armazenamento do Azure é altamente escalável, pelo que o programador pode armazenar e processar terabytes de dados exigidos por aplicações de análise financeira, empresariais e multimédia. Até o programador pode armazenar quantidades mais pequenas de dados necessários para um sítio Web de uma pequena empresa. Sempre que o programador tiver de pagar, paga apenas pelos dados que está a armazenar. Atualmente, o Armazenamento do Azure armazena dezenas de biliões de detalhes únicos de clientes e processa pedidos de milhões de utilizadores numa pesquisa, em média. Como o Armazenamento do Azure é elástico, o programador pode conceber aplicações para um grande número de clientes globais e escalar essas aplicações sempre que necessário, tanto em termos da quantidade de dados armazenados como do número de pedidos que deles provêm. O programador paga apenas pelo que utiliza, e apenas quando o utiliza [13] [14].

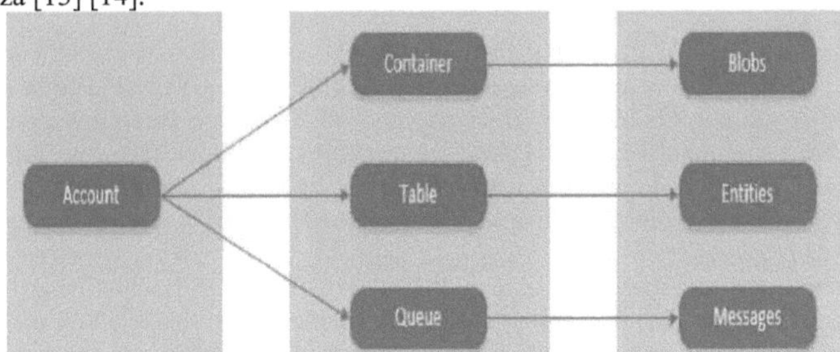

Figura 2.2: Serviço de armazenamento do Azure

O Armazenamento do Azure utiliza uma funcionalidade de particionamento automático que equilibra automaticamente a carga dos dados do programador com base no tráfego. Isto significa que, à medida que as exigências da aplicação aumentam, o Armazenamento do Azure atribui automaticamente os recursos adequados para as satisfazer.

O Armazenamento do Azure é acessível a partir de qualquer lugar do mundo, a partir de qualquer tipo de aplicação, quer esteja a funcionar na nuvem, no ambiente de trabalho, num servidor local ou num dispositivo móvel ou tablet. Para cenários de aplicações móveis, o programador utiliza o armazenamento do Azure para armazenar uma parte dos dados nos dispositivos móveis e os dados críticos, como os detalhes de início de sessão, podem ser armazenados na nuvem.

2.1.2.1 Armazenamento de Blob

Para os utilizadores com grandes quantidades de informações não estruturadas para armazenar na nuvem, o armazenamento de blob do Azure fornece uma solução económica e escalável. O programador pode utilizar o armazenamento de Blob para armazenar conteúdos conforme indicado abaixo:

- Documentos
- Fotografias, vídeos, música e blogues
- Cópias de segurança de ficheiros, computadores, bases de dados e dispositivos
- Imagens e texto para aplicações Web
- Dados de configuração para aplicações na nuvem
- Registos e outros grandes conjuntos de dados

A Fig. 2.3 mostra como a conta de armazenamento de bolhas do Azure é categorizada no URL da conta de armazenamento do Azure.

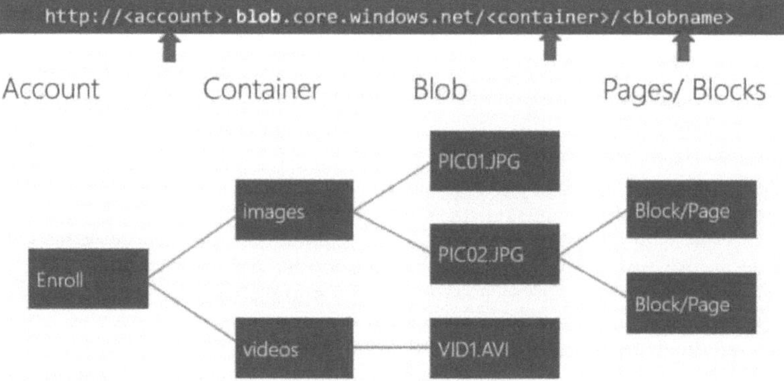

Figura 2.3: Conta de armazenamento de blob

Cada blob é organizado dentro de um contentor. Os contentores também fornecem um meio utilitário para especificar políticas de segurança para grupos de objectos. Uma conta de armazenamento pode suportar qualquer número de contentores e um contentor pode ser composto por qualquer número de blobs, até à capacidade de 500 TB

limite na fatura de armazenamento. O armazenamento de blobs consiste em dois tipos de blobs, blobs de bloco e blobs de página. Os blobs de bloco são concebidos para o fluxo e o armazenamento de objectos na nuvem e são uma boa escolha para armazenar documentos, ficheiros multimédia, cópias de segurança, etc. Um blob de bloco pode ter um tamanho superior a 200 GB. Os blobs de página são concebidos para representar discos IaaS e suportar escritas aleatórias que podem ter até 1 TB de tamanho [13] [14] [15].

2.1.2.2 Armazenamento de mesa

As aplicações modernas exigem frequentemente armazenamentos de dados com uma escalabilidade e flexibilidade superiores às exigidas pelas gerações anteriores de software. O armazenamento em tabelas proporciona um armazenamento altamente escalável, de modo a que a aplicação possa escalar automaticamente para satisfazer a procura dos utilizadores. O armazenamento de tabelas é o armazenamento de chaves/atributos NoSQL da Microsoft e possui um design sem esquema, o que o torna diferente das bases de dados relacionais tradicionais.

Com um armazenamento de dados sem esquema, é fácil adaptar os dados à medida que as necessidades da aplicação evoluem. O armazenamento em tabelas é fácil de utilizar, pelo que os programadores podem criar aplicações de forma rápida e eficiente. O acesso aos dados é mais rápido do que nas bases de dados relacionais tradicionais e é menos dispendioso para diferentes tipos de aplicações. A Fig. 2.4 ilustra a estrutura do armazenamento em tabela. No armazenamento de tabelas, trata-se de um armazenamento de atributos-chave, o que significa que cada valor num armazenamento de tabelas é apresentado com um nome de propriedade. O nome do atributo é útil para efetuar operações como a filtragem e a especificação de critérios de seleção. A coleção de atributos e os seus valores constituem uma entidade. Uma vez que o armazenamento em tabela não tem esquema, duas entidades na mesma tabela podem conter diferentes colecções de propriedades, e essas propriedades podem ser de eventos diferentes.

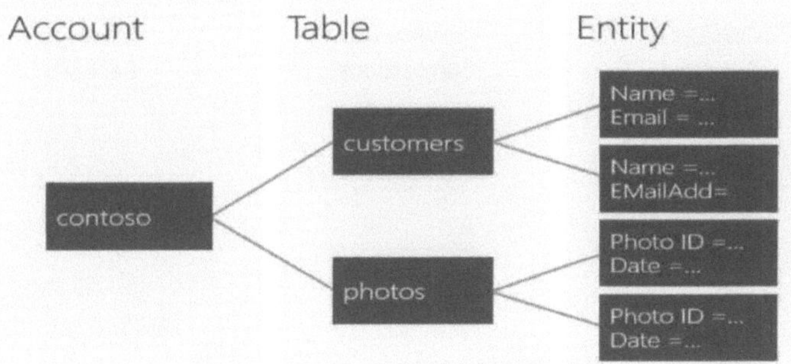

Figura 2.4: Armazenamento de tabelas

O programador pode utilizar o armazenamento de tabelas para armazenar conjuntos de dados ajustáveis, tais como dados de utilizador para aplicações de rede, registos de endereços, informações de modelos, etc., necessários ao serviço. O programador pode armazenar qualquer número de entidades numa tabela, e uma conta de armazenamento pode consistir em qualquer número de tabelas, até ao limite de capacidade da conta de armazenamento.

2.1.2.3 Armazenamento em fila

O armazenamento em fila consiste numa solução de mensagens impecável para a comunicação assíncrona entre vários dispositivos de aplicação, quer estejam a ser executados na nuvem pública, numa nuvem privada, no ambiente de trabalho ou num dispositivo móvel. O armazenamento em fila também oferece suporte para a gestão de trabalho não temporário e a criação de fluxos de trabalho de processos. Uma conta de armazenamento de filas pode conter qualquer número de filas. Uma fila dentro de uma conta de armazenamento de filas pode conter qualquer número de mensagens, até ao limite de capacidade da conta de armazenamento. Cada mensagem pode ter um tamanho máximo de 64 KB.

2.1.3 Serviços de mensagens do Azure

Quer uma aplicação ou serviço seja executado na nuvem ou no local, precisa frequentemente de interagir com outras aplicações ou serviços. Para fornecer uma maneira amplamente útil de fazer isso, o Azure oferece o Serviço de Mensagens [16].

2.1.3.1 Envio de mensagens em fila do Azure

O armazenamento de Filas do Azure é um serviço para armazenar um grande número de mensagens que podem ser acedidas a partir de qualquer parte do mundo através de chamadas autenticadas utilizando HTTP ou HTTPS. Uma única mensagem de fila pode ter até 64 KB de tamanho, e uma fila pode conter milhões de mensagens, até ao limite de capacidade total de uma conta de armazenamento. Uma conta de armazenamento pode conter até 500 TB de dados de blob, fila e tabela. As utilizações comuns do armazenamento de Filas incluem a criação de uma lista de pendências de trabalho para processar de forma assíncrona e a passagem de mensagens de uma função Web do Azure para uma função de Trabalhador do Azure.

2.1.3.2 Mensagens do barramento de serviços

As mensagens do Microsoft Azure Service Bus são um serviço fiável de entrega de dados. O objetivo deste serviço é facilitar a comunicação. Quando duas ou mais partes pretendem trocar informações, precisam de um mecanismo de comunicação. O serviço de mensagens do Service Bus é um mecanismo de comunicação intermediado ou de terceiros. É semelhante a um serviço postal no mundo físico. Os serviços postais tornam muito cómoda a entrega de diferentes tipos de cartas e pacotes com uma diversidade de garantias de entrega, em qualquer parte do mundo. À semelhança do serviço postal para a entrega de cartas, o serviço de mensagens do Azure Service Bus é a entrega de informações mais elástica tanto do remetente como do destinatário, conforme ilustrado na Figura 2.5. O serviço de mensagens do Azure Service Bus garante que a mensagem é entregue ao destinatário, mesmo que este não esteja online no momento do envio da mensagem.

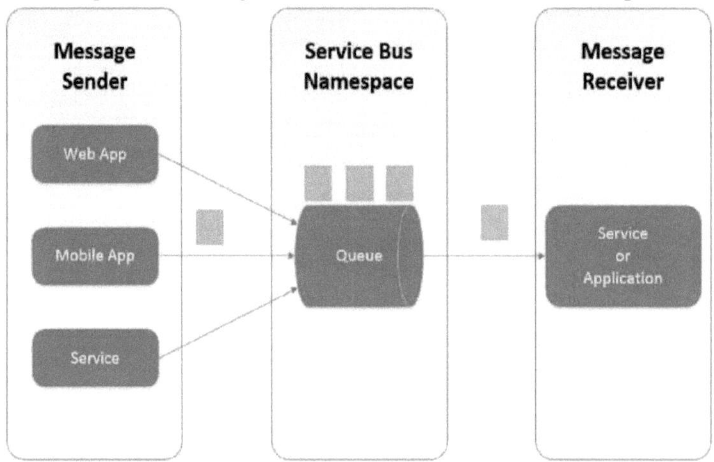

Figura 2.5: Barramento de serviços do Windows Azure [63]

O remetente da mensagem também pode implicar uma alteração das características de entrega, incluindo transacções, deteção de repetição, expiração com base no tempo e agrupamento. O serviço de mensagens do Service Bus tem duas funcionalidades distintas: filas e tópicos.

1. **Fila de espera do barramento de serviços:** As filas do Service Bus consistem num modelo de comunicação de mensagens intermediadas. Ao utilizar filas, os dispositivos de uma aplicação distribuída não comunicam diretamente entre si; em vez disso, trocam mensagens através de uma fila, que funciona como intermediária, como mostra a Figura 2.6. Um remetente de mensagem entrega uma mensagem à fila e depois continua o seu processamento. De forma assíncrona, um recetor de mensagens retira a mensagem da fila e processa-a.
   O remetente não tem de esperar por uma resposta do destinatário para continuar a processar e enviar outras mensagens. As filas oferecem entrega de mensagens FIFO (First In, First Out) a um ou mais clientes concorrentes. Isto significa que, normalmente, as mensagens são recebidas e processadas pelos receptores pela ordem em que foram adicionadas à fila pelo remetente, e cada mensagem é recebida e processada por apenas um recetor de mensagens.

Figura 2.6: Fila de espera do barramento de serviços [63]

2. **Tópicos e subscrições do Service Bus:** Os tópicos e as subscrições do Azure Service Bus consistem num modelo de comunicação de mensagens de publicação/subscrição. Ao utilizar

tópicos e subscrições, os dispositivos de uma aplicação distribuída não comunicam diretamente entre si; em vez disso, trocam mensagens através de um tópico, que se comporta como um intermediário ou agente, conforme ilustrado na Figura 2.7. Em contraste com as filas do barramento de serviços, em que cada mensagem é processada por um único recetor, os tópicos e as assinaturas suportam um tipo de comunicação "um-para-muitos", utilizando um padrão de publicação/assinatura.

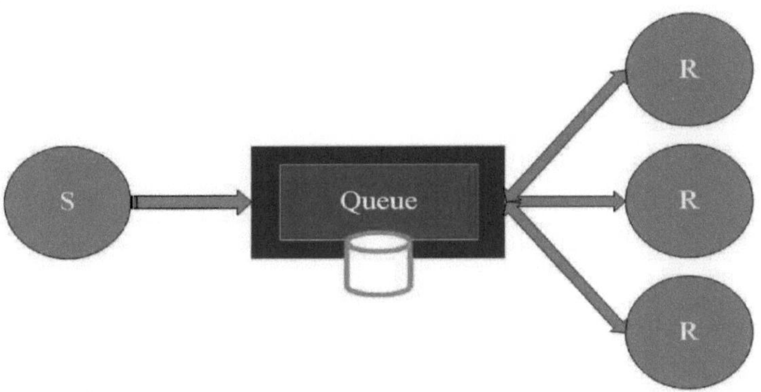

Figura 2.7: Tópicos e subscrição do barramento de serviços [63]

É possível registar várias subscrições para um tópico. Quando uma mensagem é enviada para um tópico, ela fica disponível para cada assinatura gerenciar/processar de forma independente. Uma assinatura de um tópico é apresentada em uma fila virtual que tem cópias das mensagens que foram transmitidas para o tópico. O programador pode, opcionalmente, impor regras de filtragem para um tópico por subscrição, o que lhe permite filtrar/restringir quais as mensagens que devem ser adicionadas a um tópico e quais as subscrições de tópicos que devem ser anexadas. Ambas as entidades de mensagens suportam todos os conceitos apresentados acima - e mais. A principal diferença reside no facto de os tópicos suportarem capacidades de publicação/subscrição que podem ser utilizadas para uma lógica sofisticada de encaminhamento e entrega baseada em conteúdos, incluindo o envio para vários receptores.

2.2 Descritor local Webber

2.2.1 . Direito:

Ernst Weber, um psicólogo experimental do século XIX, observou que a relação entre o limiar de incremento e a intensidade de fundo é uma constante [21]. Esta relação, conhecida desde então como Lei de Weber, pode ser expressa como:

$$\frac{\Delta I}{I} = k, \qquad (1)$$

em que IA representa o limiar de incremento (diferença apenas percetível para a discriminação); I representa a intensidade inicial do estímulo e k significa que a proporção do lado esquerdo da equação permanece constante apesar das variações no termo I. A fração AI/I é conhecida como a fração de Weber.

A Lei de Weber, em termos mais simples, diz que a dimensão de uma diferença percetível (ou seja, IA) é uma proporção constante do valor do estímulo original. Assim, por exemplo, num ambiente ruidoso é preciso gritar para ser ouvido, enquanto um sussurro funciona numa sala silenciosa. [8]

2.2.2 Fundamentos do WLD:

Nesta parte, descrevemos os dois componentes do WLD: excitação diferencial (*£*) e orientação (*Q*). Em seguida, apresentamos a forma de calcular um histograma WLD para uma imagem de entrada (ou região de imagem).

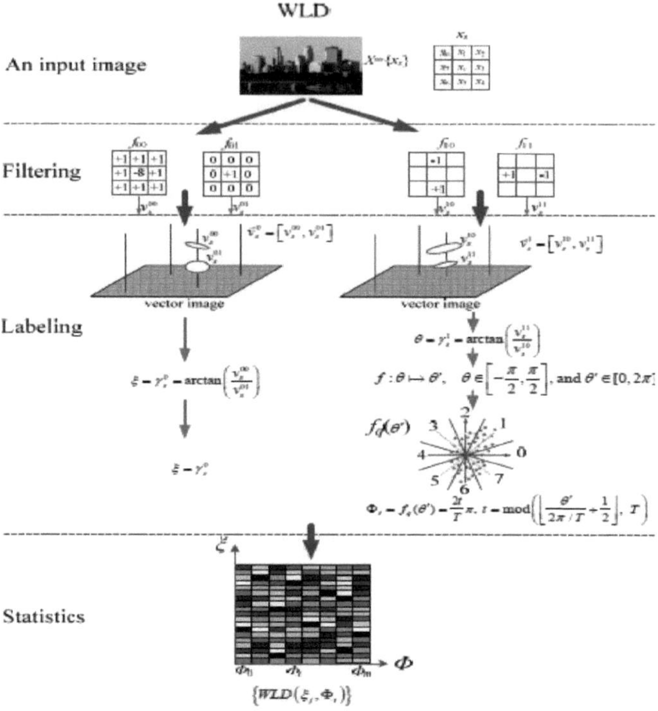

Figura 2.8: Ilustração do cálculo do descritor WLD [8]

2.2.3 Excitação diferencial

Utilizamos as diferenças de intensidade entre os seus vizinhos e um pixel atual como as alterações do pixel atual. Desta forma, esperamos encontrar as variações salientes numa imagem para simular a perceção de padrões dos seres humanos. Especificamente, uma excitação diferencial $\xi(x_c)$ de um pixel atual x_c é calculada como ilustrado na Figura 2.8. Começamos por calcular as diferenças entre os seus vizinhos e o ponto central utilizando o filtro/$_{00}$:

$$v_s^{00} = \sum_{i=0}^{p-1}(\Delta x_i) = \sum_{i=0}^{p-1}(x_i - x_c). \tag{2}$$

em que Xj ($i=0,1,...p-1$) representa os *i-ésimos* vizinhos de x_c e p é o número de vizinhos. Seguindo as sugestões da Lei de Weber, calculamos então a relação entre as diferenças e a intensidade do ponto atual, combinando as saídas dos dois filtros /$_{00}$ e /$_{01}$ (cuja saída é, de facto, a imagem original):

$$G_{ratio}(x_c) = {v_s^{00}}/{v_s^{01}}. \tag{3}$$

De seguida, utilizamos a função arctangente em $G\,[_{rat0}$ (♦):

$$G_{arctan}[G_{ratio}(x_c)]=\arctan[G_{ratio}(x_c)]. \tag{4}$$

Combinando (2), (3) e (4), temos:

$$G_{arctan}[G_{ratio}(x_c)]=\gamma_s^0=\arctan\left[\frac{v_s^{00}}{v_s^{01}}\right] = \arctan\left[\sum_{i=0}^{p-1}\left(\frac{x_i - x_c}{x_c}\right)\right]. \tag{5}$$

Assim, a excitação diferencial do pixel atual $g\,(x_c)$ é calculada como:

$$\xi(x_c) = \arctan\left[\frac{v_s^{00}}{v_s^{01}}\right] = \arctan\left[\sum_{i=0}^{p-1}\left(\frac{x_i - x_c}{x_c}\right)\right]. \quad (6)$$

Um filtro opcional é uma função sigmoide:

$$sigmoid(\beta x) = \frac{1-e^{-\beta x}}{1+e^{-\beta x}}, \quad (7)$$

O resultado da excitação diferencial, tal como implementado nesta dissertação, é ilustrado na Figura 2.9

Figura 2.9: Ilustração da excitação diferencial

2.2.4 Orientação

Como se mostra na Fig. 1, a componente de orientação do WLD é a orientação do gradiente, como em [27], que é calculada como:

$$\theta(x_c) = \gamma_s^1 = \arctan\left(\frac{v_s^{11}}{v_s^{10}}\right), \quad (8)$$

em que v_s^{10} e v^{l} são as saídas dos filtros f_{10} e f_{11} :

$$v_s^{10} = x_5 - x_1, \text{ and } v_s^{11} = x_7 - x_3. \quad (9)$$

Para simplificar, *6* é ainda quantificado em *T* orientações dominantes. Antes da quantização, efectuamos o mapeamento $f: \theta \rightarrow \theta'$:

$$\theta' = \arctan2(v_s^{11}, v_s^{10}) + \pi, \text{ and}$$

$$\arctan2(v_s^{11}, v_s^{10}) = \begin{cases} \theta, & v_s^{11} > 0 \text{ and } v_s^{10} > 0 \\ \pi - \theta, & v_s^{11} > 0 \text{ and } v_s^{10} < 0 \\ \theta - \pi, & v_s^{11} < 0 \text{ and } v_s^{10} < 0 \\ -\theta & v_s^{11} < 0 \text{ and } v_s^{10} > 0 \end{cases}, \quad (10)$$

onde$\theta \in [-\pi/2, \pi/2]$ e $\theta' \in [0, 2\pi]$. Este mapeamento considera o valor de θ, calculado utilizando (8), e o sinal de v_s^{10} e v_s^{n}. A função de quantização é então a seguinte

$$\Phi_t = f_q(\theta') = \frac{2t}{T}\pi \text{, and } t = \operatorname{mod}\left(\left\lfloor \frac{\theta'}{2\pi / T} + \frac{1}{2} \right\rfloor, T\right). \tag{11}$$

A ideia de representar uma imagem através de um histograma de gradientes e orientações tem sido utilizada em sistemas de visão biologicamente plausíveis e na deteção e reconhecimento de objectos [1, 5, 10, 32]. Motivados por esta ideia, como mostra a Fig. 1, começamos por calcular a excitação diferencial de cada pixel
(ξ_i) utilizando (6), e orientação (O_t) utilizando (11).

O resultado da orientação, tal como implementada nesta dissertação, é ilustrado na Figura 2.0.1

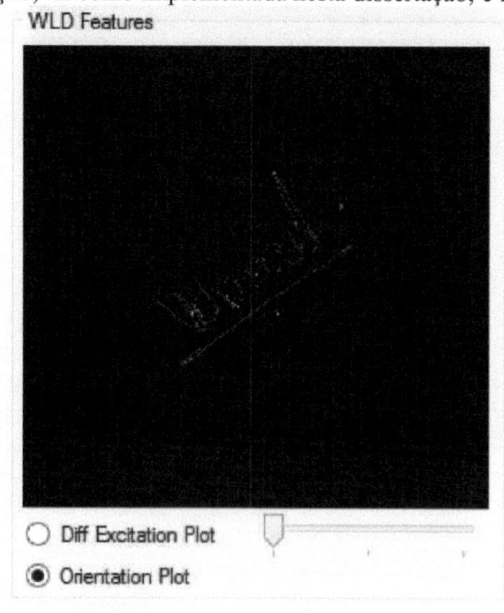

Figura 2.10: Ilustração da orientação

2.2.5 Histograma

De seguida, calculamos o histograma 2D$\{WLD(\xi_j, \Phi_t)\}$, (j=0,1,...N-1, t=0,1,...,T-1, N é o dimensionalidade de uma imagem e T é o número de orientações dominantes. Note-se que a dimensão deste histograma 2D é$T \times C$, onde C é o número de células em cada orientação. Por outras palavras, neste histograma 2D, cada coluna corresponde a uma orientação dominanteΦ_t e cada linha corresponde a um histograma de excitação diferencial com C bins. Assim, a intensidade de cada célula corresponde às frequências de um determinado intervalo de excitação diferencial numa orientação dominante.

Para obter um descritor mais discriminativo, o histograma 2D $\{WLD(\xi_j, \Phi_t)\}$ é ainda mais codificado num histograma 1D H. Especificamente, dado o histograma 2D $\{WLD(\xi_j, \Phi_t)\}$ de um como mostra a Fig. 4 (a), projectamos cada coluna do histograma 2D para formar um histograma 1D $H(t)$ (t=0, 1,...,T-1). Ou seja, reagrupamos as excitações diferenciais γ em T sub-histogramas $H(t)$, cada sub-histograma $H(t)$ correspondendo a uma orientação dominante (i.e.,O_t). Subsequentemente, cada sub-histograma $H(t)$ é dividido uniformemente em M segmentos, ou seja, $H_{m,t}$, (m=0,1,...,M-1, e na nossa implementação definimos M=6). Todos estes segmentos de sub-histograma $H_{m,t}$ formam uma matriz de histograma. Cada coluna corresponde a uma orientação dominante e cada linha corresponde a um segmento de excitação diferencial (*i.e.*, com valores de excitação diferencial semelhantes). A matriz do histograma é então reorganizada como um histograma 1D *H*. Especificamente, cada linha da matriz do histograma é concatenada como um sub-histograma H_m (isto é, H ={H_{mm} ,*t}*, *t=0*,1,..., *T*- 1). Concatenando os *M* sub-histogramas resultantes, obtém-se o histograma 1D: H={H_m }, *m=0*,1,...,*M-1*.

A Figura 2.0.2 (a) (b) (c), representa o histograma 2D de WLD obtido nesta dissertação para os valores de pressão, azimute e altitude de uma dada assinatura após a extração de características, através de várias frequências em diferentes bins.

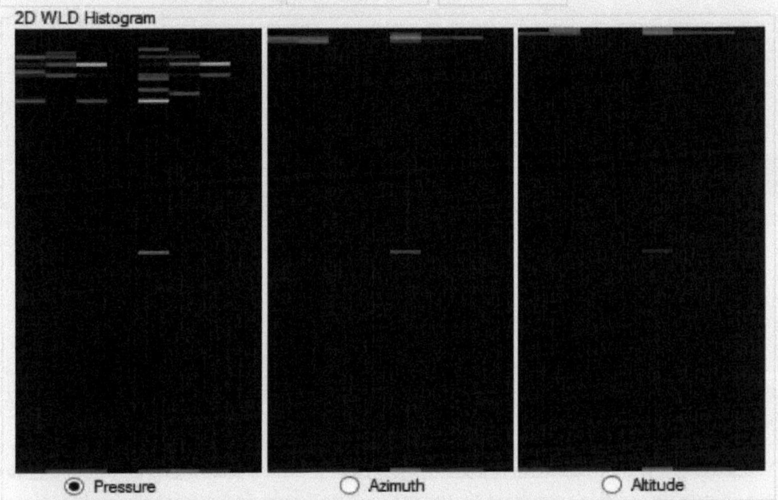

Figura 2.11 (a): Ilustração de um histograma WLD para a pressão de uma determinada imagem

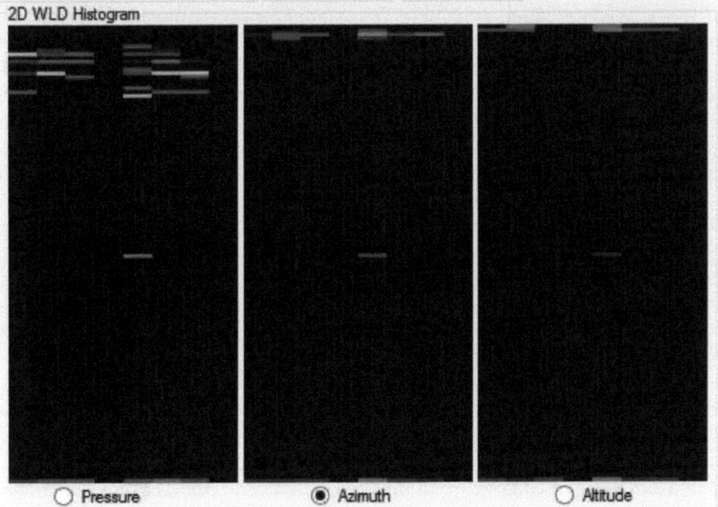

Figura 2.11 (b): Ilustração de um histograma WLD para Azimute de uma determinada imagem

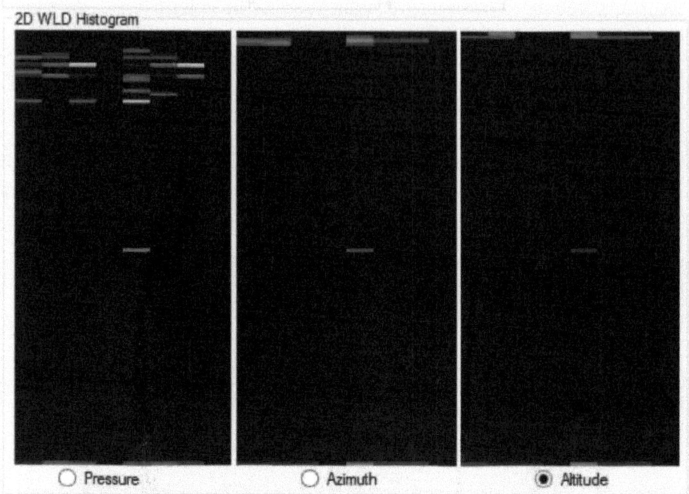

Figura 2.11 (c): Ilustração de um histograma WLD para a Altitude de uma determinada imagem

2.2.6 Características

O descritor proposto, WLD, baseia-se na Lei de Weber. Tem várias vantagens, tais como a deteção de arestas de forma elegante, a robustez ao ruído e às alterações de iluminação e a sua poderosa capacidade de representação. O WLD baseia-se numa lei fisiológica. Extrai características de uma imagem simulando um ser humano a sentir o que o rodeia. Especificamente, como mostra a Figura 2.8, um WLD utiliza o rácio das diferenças de intensidade v_s^{10} e $v/^1$, motivado pela Lei de Weber. Como seria de esperar, o WLD ganha uma poderosa capacidade de representação de texturas.
As arestas detectadas correspondem elegantemente ao critério subjetivo, uma vez que o WLD depende da diferença de luminância percebida. Por exemplo, como se mostra em (2), o WLD preserva as diferenças ($\kappa^{\circ 0}$) entre os seus vizinhos e um pixel central. Por vezes, $\nu^{\circ\circ}$ ν pode ser bastante grande. Mas se ν^{∞} e K^{01} forem mais pequenos do que um limiar percetível, não existe uma aresta percetível. Em contrapartida, ν^{∞} pode ser bastante pequeno. Mas se ν^{∞} e v_s^{01} forem maiores do que um limiar percetível, existe uma aresta percetível. Além disso, os resultados da análise de texturas mostram que grande parte da informação de textura discriminativa está contida em frequências espaciais elevadas, como os bordos [34]. Assim, o WLD funciona bem para obter uma caraterística poderosa para as texturas.

O WLD é resistente ao ruído que aparece numa dada imagem. Especificamente, um WLD reduz a influência do ruído, uma vez que é semelhante à suavização no processamento de imagens. Como se mostra na Figura 2.8, uma excitação diferencial é calculada pela soma das diferenças entre os seus *p-vizinhos* e um pixel atual. Assim, reduz a influência de pixéis com ruído. Além disso, a soma das diferenças entre os *p-vizinhos* é dividida pela intensidade do pixel atual, o que também diminui a influência do ruído numa imagem.

O WLD foi desenvolvido para reduzir os efeitos das alterações de iluminação. Por um lado, calcula as diferenças ν^{∞} entre os seus vizinhos e um pixel atual. Assim, uma alteração de luminosidade em que seja adicionada uma constante a cada pixel da imagem não afectará os valores das diferenças. Por outro lado, o WLD efectua a divisão entre as diferenças ν^{∞} e v_s^{01} . Assim, uma alteração no contraste da imagem em que cada valor de pixel é multiplicado por uma constante multiplicará as diferenças pela mesma constante, e esta alteração de contraste será cancelada pela divisão. Por conseguinte, o descritor é resistente a alterações da iluminação.

Além disso, o reagrupamento da excitação diferencial e da orientação num histograma 2D e a ponderação dos diferentes segmentos de frequência podem melhorar ainda mais o desempenho do descritor WLD.

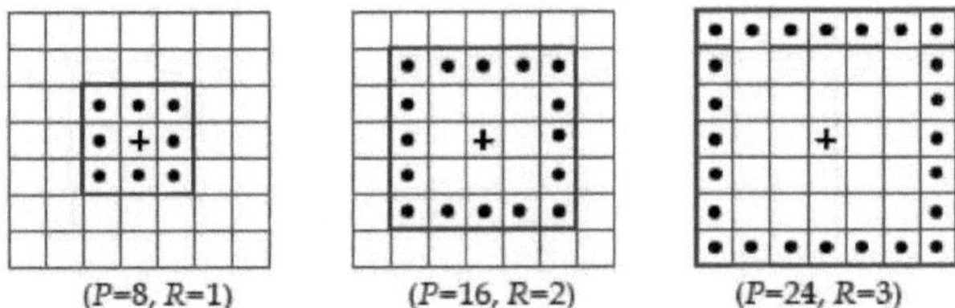

Figura 2.12: Vizinhança simétrica ao quadrado para diferentes (*P*, *R*) [8]

2.2.7 Aplicação na deteção de assinaturas

Em [8], foi utilizado um histograma WLD para a deteção de faces humanas. Embora tenham treinado apenas um classificador, utilizam-no para detetar faces frontais, oclusas e de perfil. Além disso, os resultados experimentais mostram que este classificador obtém um desempenho comparável ao dos métodos mais avançados.

O objetivo da deteção de rostos é determinar se existem rostos numa determinada imagem e devolver a localização e a extensão de cada rosto numa imagem, se um ou mais rostos estiverem presentes.

2.2.7.1 Histograma de WLD para as amostras de assinatura

Com base na WLD, como mostra a Figura 2.0.4, [8] propôs uma nova representação para a deteção de assinaturas. Especificamente, dividindo uma amostra de entrada em regiões sobrepostas e utilizando um operador WLD de vizinhança *P* (*P=8* e *R* =1). Neste caso, normalizando cada amostra para *w* * *h* (por exemplo, 32*32) e derivando uma representação do histograma WLD da seguinte forma

- Dividir uma amostra de assinatura de tamanho *w* * *h* de tamanho (*w/2*) * (*h/2*) pixéis.
- Em seguida, para cada bloco, calcular um histograma concatenado *H*, *k=0*, 1... *K-1*.

2.2.7.2 Conjunto de dados

O conjunto de treino é composto por dois conjuntos, *ou seja*, a assinatura capturada S_c e o conjunto de treino S_t . São capturados a partir do tablet utilizando a Active Stylus com várias informações, como a pressão, o azimute, a altitude e as coordenadas X-Y. Em seguida, todas estas informações são transmitidas como S_{bins} , que são calculadas para cada pixel e transmitidas para formar um histograma de pressão, azimute e altitude, respetivamente.

Os pixels são então seleccionados com um raio específico - *R*, que decide a região de interesse

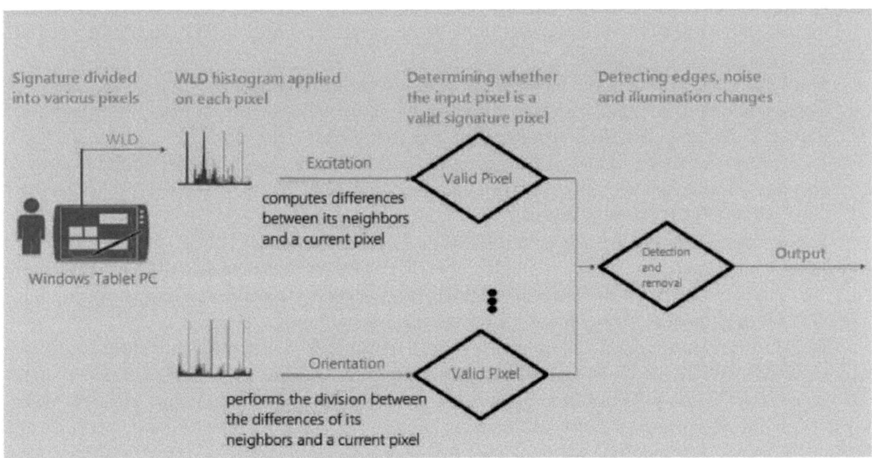

e escolhe os pixels de assinatura, até que todos os pixels específicos estejam cobertos. Estes pixéis são então submetidos às duas operações principais do WLD, ou seja, excitação diferencial e orientação.

Figura 2.13 Ilustração de uma caraterística de histograma WLD para assinatura

A excitação diferencial calcula a diferença entre o pixel atual e o pixel vizinho, enquanto a orientação calcula a divisão do pixel atual e do pixel vizinho. Em seguida, os píxeis de entrada são novamente verificados, de modo a garantir que nenhum píxel não foi selecionado. O método WLD também ajuda a detetar eventuais arestas, ruído e alterações de iluminação, que, depois de removidos, ajudam a tornar a caraterística de saída extraída mais robusta.

2.3 API restrita

REST significa Representational State Transfer (Transferência de Estado Representacional). (Baseia-se num protocolo de comunicação sem estado, cliente-servidor, armazenável em cache e, em praticamente todos os casos, é utilizado o protocolo HTTP. Na nossa dissertação, usámos ASP.net e, por isso, implementámos Restful API usando WebAPI 2.

O REST é um estilo arquitetónico baseado em determinados princípios que utilizam os actuais fundamentos da "Web". Existem 5 fundamentos básicos da Web que são aproveitados para criar serviços REST.

- Princípio 1: Tudo é um recurso No estilo arquitetónico REST, os dados e a funcionalidade são considerados recursos e são acedidos através de Identificadores Uniformes de Recursos (URIs), normalmente ligações na Web.
- Princípio 2: Cada recurso é identificado por um identificador único (URI)
- Princípio 3: Utilizar interfaces simples e uniformes
- Princípio 4: A comunicação é feita por representação
- Princípio 5: Ser sem estado

As aplicações de natureza restful permitem que quaisquer dispositivos que falem e compreendam HTTP possam comunicar com o serviço de reconhecimento de assinaturas em linha executado numa nuvem. Isto torna a aplicação adequada para funcionar mesmo numa máquina de configuração reduzida ou em pequenos dispositivos portáteis.

Além disso, as seguintes características principais permitem que a API Restful exiba a capacidade de uma arquitetura leve:

- Os recursos são identificados por um identificador persistente: Atualmente, os URIs são a escolha omnipresente de identificador
- Os recursos são manipulados utilizando um conjunto comum de verbos: Os métodos HTTP são o caso mais comum - a venerável operação Create, Retrieve, Update, Delete (CRUD) torna-se POST, GET, PUT e DELETE na arquitetura REST.
- A representação real obtida para um recurso depende do pedido e não do identificador: utilize os cabeçalhos HTTP Accept para controlar se pretende XML, HTTP ou mesmo um objeto Java que represente o recurso
- Manter o estado no objeto e representar o estado na representação
- Representação das relações entre recursos na representação do recurso: as ligações entre objectos são incorporadas diretamente na representação
- As representações de recursos descrevem o modo como a representação pode ser utilizada e em que circunstâncias deve ser rejeitada/reprocessada de forma coerente: utilização de cabeçalhos HTTP Cache-Control.

Em muitos aspectos, a própria World Wide Web, baseada em HTTP, pode ser vista como uma arquitetura baseada em REST. As aplicações RESTful utilizam pedidos HTTP para publicar dados (criar e/ou atualizar), ler dados (por exemplo, fazer consultas) e eliminar dados. Assim, a REST utiliza o HTTP para as quatro operações CRUD (Create/Read/Update/Delete).

REST é uma alternativa leve a mecanismos como RPC (Remote Procedure Calls) e Web Services (SOAP, WSDL, etc.). Mais tarde, veremos como o REST é muito mais simples. Apesar de ser simples, o REST tem todas as funcionalidades; basicamente, não há nada que se possa fazer nos serviços Web que não possa ser feito com uma arquitetura RESTful. REST não é um "padrão". Nunca haverá uma recomendação do W3C para REST, por exemplo. E, embora existam estruturas de programação REST, trabalhar com REST é tão simples que, muitas vezes, é possível "fazer o seu próprio" com recursos de biblioteca padrão em linguagens como Perl, Java ou C#.

Assim, uma API que adere aos princípios do *REST* não exige que o cliente saiba nada sobre a estrutura da API. Em vez disso, o servidor precisa de fornecer todas as informações de que o cliente necessita para interagir com o serviço. Um *formulário HTML* é um exemplo disso: O servidor especifica a localização do recurso e os campos necessários. O navegador não sabe de antemão onde submeter a informação e não sabe de antemão que informação submeter. Ambas as formas de informação são inteiramente fornecidas pelo servidor. (Este princípio é designado por *HATEOAS*). [64]

2.4 Resumo

Este capítulo explica várias tecnologias do Azure, como os Serviços de Nuvem, os Serviços de Armazenamento e os Serviços de Mensagens. Os Serviços de Nuvem do Azure são um modelo PaaS (Plataforma como Serviço). A tecnologia de serviço de nuvem foi concebida para suportar aplicações fiáveis, escaláveis e baratas de operar. Além disso, é apátrida e não mantém qualquer estado dos utilizadores. Os Serviços de Armazenamento do Azure são compostos por Blob, Tabelas e Filas. O Blob é constituído por ficheiros com nomes simples, juntamente com metadados para o ficheiro. As tabelas são um armazenamento estruturado, que é um conjunto de entidades; as entidades são um conjunto de propriedades. As Queues são o armazenamento fiável e a entrega de mensagens para uma aplicação. Por último, o serviço de mensagens do Azure consiste numa fila do Azure que é utilizada para a comunicação entre a função Web e a função de trabalhador e o serviço de mensagens do barramento de serviços garante que a mensagem é entregue ao destinatário mesmo que este não esteja online no momento do envio da mensagem. No próximo capítulo, o estudo da literatura de diferentes documentos no contexto atual do trabalho será amplamente estudado aqui.

Capítulo 3
Revisão da literatura

Uma grande diversidade de sistemas exige sistemas fiáveis de reconhecimento pessoal para confirmar ou determinar a identidade de uma pessoa que solicita os seus serviços. A conceção de tais esquemas visa garantir que os serviços fornecidos são acedidos inteiramente por um utilizador legítimo e por mais ninguém. O sistema biométrico é uma das formas de resolver este problema.

3.1 Biometria

A biometria está relacionada com as características e os traços humanos. A identificação biométrica ou autenticação biométrica é utilizada na informática como forma de identificação e controlo de acesso. Também é utilizada para identificar indivíduos de um grupo de muitas pessoas. Sabendo-se que a biometria é classificada em características fisiológicas e comportamentais [17]. As características fisiológicas estão relacionadas com a forma do corpo, que incluem a impressão digital, o reconhecimento facial, o ADN, a impressão da palma da mão, a geometria da mão, a íris e a retina. As características comportamentais estão relacionadas com o padrão de comportamento de uma pessoa, que inclui a assinatura, a marcha e a voz. Em [18], o autor abordou a biometria em 5 partes diferentes. A secção "Fluxos" apresenta uma visão geral da autenticação, explicando o conceito de garantia de identidade, que também explica como funcionam os mecanismos de autenticação, as suas características comuns e discute diferentes tipos de mecanismos de autenticação. Na secção seguinte, o autor aborda os diferentes tipos de biometria. Em seguida, analisa as questões actuais relacionadas com a biometria do ponto de vista técnico. Por último, apresenta um tratamento pormenorizado das questões de privacidade, políticas e jurídicas suscitadas pela biometria.

Em [19], é apresentado o modo como estes sistemas funcionam, os seus pontos fortes e fracos e onde podem ser efetivamente utilizados. Ajuda-nos a compreender como a biometria está associada a tecnologias como a infraestrutura de chave pública (PKI) e os cartões inteligentes. Também fornece directrizes para uma implementação bem sucedida da biometria no ambiente empresarial atual. O livro está organizado em quatro partes diferentes: a Parte I aborda os fundamentos da biometria, incluindo as razões pelas quais a tecnologia é utilizada, o modo como a tecnologia funciona e a precisão do sistema. A Parte II aborda as principais tecnologias biométricas, com base na experiência real de implantação e teste de sistemas em ambientes operacionais. A Parte III aborda as aplicações e mercados biométricos e a Parte IV aborda a privacidade e as normas na conceção de sistemas biométricos.

O documento [20] descreve igualmente os principais prós e contras de cada tecnologia, com uma indicação clara de algumas tecnologias adequadas. As pessoas são identificadas por três meios básicos: Por algo que sabem (palavra-passe, código PIN), algo que têm (chave da porta, bilhete físico para um concerto) e algo que são (biometria). Os sistemas biométricos não se limitam apenas à tecnologia, mas esses sistemas têm um problema no que respeita ao seu armazenamento. Emin Martinian, Sergey Yekhanin e Jonathan S. Yedidia [21] definiram um artigo sobre o problema do armazenamento seguro de dados biométricos e desenvolveram uma solução utilizando códigos de síndroma. Em especial, os dados biométricos, como as impressões digitais, as íris e os rostos, são frequentemente utilizados para autenticação, controlo de acesso e encriptação em vez de palavras-passe. Porque as palavras-passe nunca são armazenadas no sistema. Na arquitetura típica (e insegura) de encriptação baseada na biometria, uma chave de encriptação é derivada da biometria do utilizador e utilizada para encriptar os dados armazenados no dispositivo ou para controlar o acesso. Para permitir a desencriptação ou o acesso autorizado, a biometria original é armazenada no dispositivo.

Taekyoung Kwonand e Hyeonjoon Moon [22] propuseram uma metodologia de autenticação que combina biometria multimodal e mecanismos criptográficos para aplicações de controlo de fronteiras. Este documento [23] apresenta uma abordagem evolutiva do sistema de segurança biométrica que melhora a robustez. A biometria múltipla é fundida ao nível da decisão para apoiar um sistema que pode satisfazer requisitos de precisão mais exigentes e variáveis e que satisfaz plenamente as necessidades do utilizador. Este sistema, designado por gestão biométrica adaptativa e multimodal (AMBM), proporciona mais segurança e precisão.

3.2 Reconhecimento de assinaturas

A verificação de assinaturas tem sido amplamente estudada e implementada. As suas muitas aplicações incluem a banca, a validação de cartões de crédito, sistemas de segurança, etc. Em geral, a verificação de assinaturas manuscritas pode ser classificada em dois tipos: verificação em linha e verificação fora de linha. Para a verificação da assinatura, o autor Andrzej Pacut e Adam Czajka afirma [55] que, no caso da verificação da assinatura em linha, a assinatura tem de ser recolhida no digitalizador. Com as cinco quantidades registadas, nomeadamente a posição horizontal e vertical da ponta da caneta, a pressão da ponta da caneta e os ângulos de azimute e altitude da caneta. Neste documento, foi utilizado o conceito de redes neuronais, que efectua a classificação e a verificação da assinatura.

Piotr Porwik e Tomasz Para [24] propõem um novo método de verificação de assinaturas. Analisam a assinatura offline com base nas características (pesos). Inicialmente, a assinatura é um pré-processo. Na abordagem proposta, é utilizada a transformada de Hough, depois é determinado o centro de gravidade da assinatura e são efectuados os histogramas horizontal e vertical da assinatura, o que conduz a um bom nível de reconhecimento da assinatura, podendo o método ser utilizado em muitos domínios.

A combinação única da fusão do reconhecimento de assinaturas estáticas e dinâmicas foi abordada por F. Alonso-Fernandez, J. Fierrez, M. Martinez-Diaz e J. Ortega-Garcia [25]. São utilizadas duas abordagens de reconhecimento off-line e duas abordagens de reconhecimento on-line que exploram a informação a nível global e local. As experiências de fusão são efectuadas utilizando uma abordagem de fusão treinada baseada na regressão logística linear. O resultado é gerado no método individual e não no global. Para melhorar o resultado, será efectuada a fusão. Quando se combinam os dois sistemas em linha, o que não acontece com os sistemas fora de linha. O melhor desempenho é obtido quando a fusão de todos os sistemas é efectuada em conjunto.

Rafal Doroz e Krzysztof Wrobel [26] apresentam um novo método de reconhecimento de assinaturas manuscritas, baseado nas diferenças médias, que foi modificado adequadamente. Para a modificação, dividem a assinatura em janelas e calculam as semelhanças entre as janelas em que a assinatura tem um conjunto de características com alguns valores e a velocidade de escrita, a pressão da caneta pode ser examinada e, na última fase, a assinatura será analisada com referência à caraterística.

3.2.1. Reconhecimento de assinaturas estáticas

Para detetar os traços de linha da imagem da assinatura, Kaewkongka, Chamnongthai e Thipakom [27] propuseram a utilização da transformada de Hough para extrair o espaço de Hough parametrizado do esqueleto da assinatura como uma caraterística única das assinaturas. Armand, Blumenstein e Muthuk kumarasamy [28] utilizaram o agrupamento da caraterística de direção modificada (MDF) em conjunto com características distintivas adicionais para treinar e testar dois classificadores baseados em redes neuronais. Uma rede neural de retropropagação resiliente e uma rede neural de função de base radial foram comparadas com uma base de dados pública de 2106 resultados de assinaturas, contendo 936 genuínas e 1170 falsificadas, tendo-se obtido uma taxa de verificação de 91,12%.

Sabourin [29] utilizou distribuições de tamanho de métricas de grânulos para a descrição de descritores de forma locais em desafio para caraterizar a quantidade de atividade de sinal que excita cada retina no foco de uma grelha sobreposta, sendo depois aplicado um classificador baseado no vizinho mais próximo e no limiar para detetar falsificações aleatórias. Após o teste, foi registada uma taxa de erro total de 0,02% e 1,0% para os respectivos classificadores.

Abbas [30] utilizou um protótipo de rede neural de retropropagação para o reconhecimento de assinaturas offline, juntamente com redes neurais de avanço e diferentes algoritmos de treino, como o batch, o Enhanced e o Vanilla. Zhang [31] propôs um modelo de auto-regressão de componentes principais do núcleo (KPCSR) para problemas de verificação e reconhecimento de assinaturas fora de linha. O modelo apresentou FRR de 92% e FAR de 5%. Um sistema neuro-fuzzy foi proposto por Hanmandlu [32], que comparou a perspetiva feita pelos pixéis da assinatura em relação a pontos de referência e a distribuição dos ângulos foi depois agrupada com o algoritmo fuzzy c-means. O sistema registou uma FRR na ordem dos 5-16% com limiares variáveis.

5. Audet, P. Bansal e S. Baskaran [33] conceberam a verificação e o reconhecimento de assinaturas off-line utilizando uma máquina de vectores de apoio e uma máquina de vectores de apoio (SVM) para classificar e verificar as assinaturas. Justino [34] utilizou um HMM de observação discreta para detetar falsificações aleatórias, casuais e especializadas, com uma FRR de 2,83% e uma FAR de 1,44%, 2,50% e 22,67% para falsificações aleatórias, casuais e especializadas

Os Drs. H. B. Kekre e V. A. Bharadi abordam um sistema que contém diferentes características e que, posteriormente, as combinam para melhorar a exatidão do sistema final. É também abordada uma abordagem morfológica, que avalia a variação dos pixéis de assinatura através do cálculo da sua localização [35]. Fang [36] desenvolveu um sistema que se baseia no pressuposto de que os segmentos cursivos das assinaturas falsificadas são geralmente menos suaves do que os das assinaturas genuínas. São propostas duas abordagens para extrair a caraterística de suavidade: um método de cruzamento e um método de dimensão fractal. Majhi, Reddy e Prasanna [37] propuseram uma restrição morfológica para o reconhecimento de assinaturas, com o centro de massa dos segmentos da assinatura, e a assinatura foi dividida repetidamente no seu centro de massa para obter uma série de pontos no modo horizontal e vertical. A sequência de pontos é então utilizada como caraterística de discriminação; os limiares foram seleccionados separadamente para cada pessoa. Obtiveram uma FRR de 14,58% e uma FAR de 2,08%.

3.2.2. Reconhecimento dinâmico de assinaturas

As assinaturas em linha são adquiridas utilizando uma mesa digitalizadora que capta informações dinâmicas e espaciais sobre a escrita. A assinatura é o documento escrito à mão num mundo digital e é considerada um meio aceitável e fiável de autenticar todos os documentos escritos. A verificação dinâmica de assinaturas autentica a identidade de indivíduos através da medição das suas assinaturas manuscritas. A assinatura é tratada como uma série de movimentos que contêm dados biométricos únicos, como o ritmo pessoal, a aceleração e a pressão. Ao contrário das capturas de assinaturas electrónicas que são frequentemente utilizadas atualmente, a Verificação Dinâmica de Assinaturas não trata a assinatura como uma imagem gráfica.

O reconhecimento de assinaturas em linha é designado por reconhecimento dinâmico de assinaturas. Rhee e Cho [38] efectuam o reconhecimento de assinaturas em linha utilizando a abordagem de segmentação guiada por modelos para comparação entre segmentos, a fim de obter uma segmentação consistente. Utilizaram a seleção de características discriminativas para falsificações especializadas e aleatórias. Registaram um EER de 3,4 %.

Utilizando características invariantes e dinâmicas da imagem para o reconhecimento de assinaturas em linha, Abdullah e Shoshan [39] propuseram os descritores de Fourier para a invariância e a velocidade de escrita, que foi utilizada como caraterística dinâmica. A rede neural perceptron de várias camadas foi utilizada para a classificação. Devido às características dinâmicas, o reconhecimento de assinaturas em linha considera as assinaturas dinâmicas. Jain & Ross [40] utilizaram como características os pontos críticos, a velocidade e o ângulo de curvatura. Utilizaram limiares comuns e limiares dependentes do autor, mas verificou-se que os limiares dependentes do autor dão uma melhor precisão. Por conseguinte, registaram uma FRR de 2,8% e uma FAR de 1,6%.

H B Kekre e V A Bharadi [41] utilizaram filtros de Gabor para extrair os vectores de características da assinatura dinâmica. Com base no vetor de características, procedeu-se à verificação e identificação. Juntamente com o vetor de características, foram também extraídas as informações temporais da assinatura. Os filtros de Gabor têm sido amplamente utilizados para a análise de imagens e de texturas. O EER para o gráfico TAR Vs TRR é de 95% e o mesmo para o gráfico FAR Vs FRR é de 5%. Com o carimbo de data/hora, a análise mostra que a taxa de erro igual da classificação baseada no vetor de características do filtro de Gabor é de 90% para o gráfico TAR Vs TRR e de 10% para FAR Vs FRR sem carimbo de data/hora.

Considerando outra abordagem, Lei, Palla e Govindarajalu [42] propuseram uma técnica para encontrar a correlação entre duas sequências de assinaturas para reconhecimento em linha, mapearam a ocorrência de diferentes pontos críticos na assinatura e a escala de tempo e a correlação entre estas sequências foi avaliada utilizando um novo parâmetro denominado coeficiente Extended Regression

Square (ER^2). Os resultados foram comparados com uma técnica existente baseada na Dynamic Time Warping (DTW). A taxa de erro igual (EER) foi de 7,2%, ao passo que o EER registado pela DTW foi de 20,9% com limiares dependentes do utilizador.

S A Daramola e o Prof. T S Ibiyemi [43] propuseram uma assinatura automática robusta em linha. A eficácia da assinatura depende da robustez das características dinâmicas utilizadas no sistema. A verificação baseia-se na média de todas as distâncias obtidas a partir do alinhamento cruzado das características. O sistema proposto é testado com amostras de assinaturas de qualidade e apresenta um erro de 0,5% na rejeição de falsificações qualificadas, rejeitando apenas 0,25% das assinaturas genuínas. Estes resultados são melhores em comparação com os resultados obtidos por sistemas anteriores.

Em [8], Jie Chen et al. propõem um novo conjunto de características para o reconhecimento em linha e dinâmico de assinaturas. O descritor local webber é modificado para sistemas baseados em assinaturas dinâmicas que se concentram no aspeto de excitação e orientação de uma assinatura, decifrando assim qualquer alteração nos pixéis circundantes com base no raio de uma dada assinatura, encontrando assim qualquer possível falsificação. O algoritmo de extração do vetor de características é aplicado aos modelos de distribuição de pressão criados para a assinatura dinâmica capturada. V A Bharadi [9] propôs variantes baseadas na fusão geradas com a média baseada na coluna/linha, a densidade com os valores DC e as sequências da última coluna/linha e o efeito do conjunto de características biométricas suaves juntamente com os vectores de características acima referidos também é estudado. As características biométricas suaves são colectivas para obter melhores resultados como unimodais e multialgorítmicas.

Shafiei e Rabiee [44] propuseram a segmentação de comprimento variável e o modelo de Markov oculto (HMM), a utilização da quantização de vectores para os vectores de características para o reconhecimento de assinaturas e algoritmos de quantificação de vectores como o KFCG e o KMCG para gerar o livro de códigos para a assinatura digitalizada [45]. J. hasna [46] propôs um protótipo baseado em redes neuronais para o reconhecimento dinâmico de assinaturas. Para a verificação, utilizou uma rede neuronal de gradiente conjugado (NN), e a FRR obtida foi de 1,6%. O Dr. H B Kekre e V A Bharadi [47] propuseram um método de pré-processamento baseado no Digital Difference Analyzer (DDA) modificado.

3.3 Biometria na nuvem

Os sistemas biométricos oferecem a solução para garantir que os serviços fornecidos são acedidos apenas por um utilizador legítimo e mais ninguém. Os sistemas biométricos identificam os utilizadores com base em características comportamentais ou fisiológicas. As vantagens destes sistemas em relação aos métodos de autenticação tradicionais, como as palavras-passe e as identificações, são bem conhecidas; por conseguinte, os sistemas biométricos estão a ganhar gradualmente terreno em termos de emprego. Uma vez que a segurança é a principal atividade na utilização da computação em nuvem, a técnica de autenticação biométrica fundida que pode ser utilizada como início de sessão único para que os serviços possam ser mais seguros e fiáveis, e que a autenticação biométrica é oferecida como um serviço por um fornecedor de nuvem.

Em [48], os autores descrevem o modo como o reconhecimento biométrico computacionalmente intensivo pode ser efectuado num dispositivo móvel, transferindo o processo de reconhecimento para a nuvem. Os autores propuseram uma abordagem sistemática para dividir uma operação de reconhecimento e uma operação de registo em massa em várias tarefas, que podem ser executadas em paralelo num conjunto de servidores na nuvem, e mostraram como os resultados de cada tarefa podem ser combinados e pós-processados para o reconhecimento individual.

Peter Peer e Jernej Bule [49] propuseram um sistema de reconhecimento facial na nuvem. Este documento tenta aprofundar questões como os desafios e obstáculos mais comuns encontrados quando se transfere a tecnologia para uma plataforma de nuvem, as normas e recomendações relativas aos serviços baseados na nuvem e à biometria, bem como as soluções existentes. Descreve as armadilhas mais comuns encontradas no trabalho de desenvolvimento e fornece algumas orientações para as evitar.

Em [50], Akshay A. Pawle e Vrushsen P. Pawar propõem um sistema de reconhecimento facial (FRS). Os investigadores propuseram um novo sistema (FRS) que se baseia nas características biométricas do utilizador para uma autenticação adequada na computação em nuvem. Este novo sistema de reconhecimento facial (FRS) proposto ultrapassa todos os inconvenientes das técnicas de autenticação biométrica tradicionais e outras e permite que apenas os utilizadores autorizados acedam a dados ou serviços a partir de um servidor em nuvem.

Em [51], os autores Dr. Vinayak Bharadi e Joel Philip propuseram uma arquitetura para implementar um sistema de reconhecimento de assinaturas online numa nuvem pública como o Windows Azure. Discutiram as armadilhas dos sistemas de reconhecimento de assinaturas, que necessitam de uma máquina de configuração elevada para realizar múltiplas operações de extração de vectores de características, registo e verificação. Os autores propõem um sistema de reconhecimento de assinaturas em linha baseado na nuvem, altamente escalável, conectável e mais rápido, capaz de funcionar com enormes quantidades de dados, o que, por sua vez, induz a necessidade de uma capacidade de armazenamento suficiente e de um poder de processamento significativo.

No artigo [52], os autores C. N. Hoefer e G. Karagianni descrevem os serviços de computação em nuvem disponíveis e propõem uma taxonomia estruturada em árvore com base nas suas características, para classificar facilmente os serviços de computação em nuvem, facilitando a sua comparação. E. Kohlwey, A. Sussman, J. Trost e A. Maurer [53] apresentam um sistema paradigmático para a pesquisa generalizada de dados biométricos à escala da nuvem, bem como uma aplicação deste sistema à tarefa de fazer corresponder uma coleção de imagens sintéticas da íris humana.

No artigo [63], os autores Dr. Vinayak A Bharadi e Godson D'Silva propõem um sistema de reconhecimento de assinaturas baseado em tablets digitalizadores, que utiliza o método do centro geométrico para a extração do vetor de características da assinatura na arquitetura de nuvem pública. No entanto, a utilização de tablets digitalizadoras não fornece um nível mais elevado de desempenho e de opcionalidade de plugabilidade, também não foi utilizada a utilização de serviços Restful, no sistema proposto, que foi implementado e melhorado para níveis mais elevados nesta dissertação.

3.4 Comparação

Este relatório de dissertação baseia-se no âmbito futuro de [63], em que os autores propuseram um sistema biométrico baseado em assinaturas na nuvem pública. Aqui, as assinaturas foram capturadas numa mesa digitalizadora que foi incumbida de fornecer alto desempenho e capacidade de conexão, especialmente quando necessário para ser usado em aplicações bancárias. Além disso, a extração das características das assinaturas foi realizada utilizando o método do Centro Geométrico, que forneceu um resultado de desempenho de até 92,50%. O sistema proposto não era de natureza restful, pelo que a sua arquitetura não podia ser leve, tornando-o assim inutilizável para pequenos dispositivos portáteis.

Esta dissertação pretende ultrapassar as limitações de [63], que substituiu o hardware utilizado para a captura da assinatura como tablet PC Windows, o que permite assim torná-lo mais conectável e de maior desempenho, podendo ser utilizado também em aplicações bancárias, categorizando-o na categoria "Bring Your Own Device". A extração do vetor de características utilizada é o descritor local Webber, que se centra na excitação diferencial e na orientação de uma assinatura capturada. A capacidade de desempenho deste método atinge uma amplitude máxima de 78,10%. Toda a arquitetura é feita em arquitetura Restful, o que a torna muito leve e, por conseguinte, utilizável em qualquer pequeno dispositivo portátil que não tenha um elevado poder de processamento.

3.5 Lacunas de investigação

A partir da extensa revisão da literatura acima referida, verificou-se que os sistemas de reconhecimento de assinaturas existentes necessitam de uma máquina de configuração elevada para realizar múltiplas operações de extração de vectores de características, registo e verificação. Estas aplicações são geralmente autónomas e implementadas numa arquitetura baseada num único servidor, podendo, neste caso, ocorrer um único ponto de falha. A aplicação autónoma não é escalável. Com o aumento do número de utilizadores, a implementação biométrica tem de ser escalável e capaz de lidar com grandes conjuntos de dados para uma grande população. O conjunto comum de problemas com que se depara o reconhecimento de assinaturas existente é a seguir enumerado.

- **Ponto único de falha:** As implementações do sistema biométrico são geralmente autónomas e implementadas numa arquitetura baseada num único servidor. Por conseguinte, se ocorrer algum problema no sistema em que o sistema biométrico está implantado, como uma falha no disco rígido, corrupção do sistema operativo, etc., todo o sistema biométrico é afetado e torna-se não funcional.
- **Escalável:** Com o número crescente de utilizadores, a implementação do sistema biométrico tem de ser escalável e capaz de lidar com grandes conjuntos de dados para uma grande população, o que, no caso normal, não acontece.
- **Conectável:** Quando se testam novas versões ou actualizações do sistema biométrico, isso leva a um impacto na implementação do sistema biométrico existente, aumentando as hipóteses de paragem do sistema.
- **Mais rápido:** O sistema biométrico atual é muito lento a fornecer os resultados e a sua velocidade depende da configuração do hardware do sistema em que é implantado. Torna-se demasiado lento quando se tenta combinar as técnicas de extração de características para obter um melhor resultado.
- **Exatidão:** O sistema biométrico atual tem um atraso em termos de precisão e consistência. Quando tem de ser implementado numa organização altamente sensível baseada na biometria e com um grande número de utilizadores, o sistema biométrico existente não consegue cumprir as normas.
- **Processo de verificação incoerente:** O processo de verificação do sistema biométrico existente apresenta um comportamento incoerente para os mesmos utilizadores em todas as ocasiões. Por vezes, aceita o utilizador com base no seu traço biométrico e, por vezes, rejeita a mesma pessoa com base no seu mesmo traço biométrico.
- **Mudança de produto de hardware:** O Tablet PC com Windows que estava a ser utilizado para efeitos práticos de compilação deste trabalho sofreu uma grande mudança de software e hardware, após a qual todo o sistema do hardware foi atualizado, tornando assim o nosso produto de hardware inútil para a execução final. Como o hardware anterior tinha um nível mais baixo de precisão de sensibilidade à pressão, o que era crucial para este livro, uma vez que se destina a aplicações bancárias.

3.6 Resumo

Este capítulo apresenta a revisão do trabalho em três partes, o sistema biométrico, o reconhecimento de assinaturas e, por último, a biometria numa nuvem. São revistos diferentes trabalhos nas três secções, o que permitiu compreender as diferentes abordagens e a metodologia seguida por um autor que trabalha nesta área. Os prós e os contras das diferentes abordagens são compreendidos e as lacunas de investigação são identificadas a partir daí. Neste trabalho, é utilizado o reconhecimento dinâmico de assinaturas, uma vez que proporciona mais precisão do que o sistema de reconhecimento estático de assinaturas. As aplicações do sistema de reconhecimento dinâmico de assinaturas são geralmente autónomas e implementadas numa arquitetura baseada num único servidor, podendo, neste caso, ocorrer um único ponto de falha. A aplicação autónoma não é escalável. Com o aumento do número de utilizadores, a implementação biométrica tem de ser escalável e capaz de tratar grandes conjuntos de dados para uma grande população. Tendo em conta todos os méritos e deméritos de uma plataforma existente, a abordagem autónoma do reconhecimento dinâmico de assinaturas [38] [39] [40] [41] [42] [43] [44] [45] [46] [47] é combinada com a arquitetura proposta para construir um sistema de reconhecimento de assinaturas em linha baseado na nuvem que tem sido estudado [48] [49] [50] [51] [63], o sistema proposto destina-se às transacções de aplicações bancárias. No próximo capítulo, a metodologia de conceção do sistema proposto é abordada em pormenor.

Capítulo 4
Metodologia de conceção

Este capítulo explica o sistema de reconhecimento de assinaturas em linha com as suas várias operações, como a captura da assinatura do digitalizador, o pré-processamento dos dados e a forma como a extração de características é feita utilizando os centros geométricos sucessivos profundidade 1 e profundidade2. As características biométricas suaves e o processo de registo e de formação são aqui abordados. O capítulo prossegue com a elaboração da arquitetura proposta em dois tipos, a arquitetura baseada na nuvem pública e a arquitetura baseada na nuvem híbrida. O sistema proposto baseia-se na arquitetura baseada na nuvem pública. Aqui é explicada a arquitetura geral e as suas principais secções de funcionamento. Várias operações principais, como a operação de registo, a operação de verificação e os seus dois tipos, ou seja, (operação de assinatura em direto e operação de correspondência), a operação de armazenamento de blob e, por último, a operação de correspondência, são aqui aprofundadas. O funcionamento do motor de deteção com as suas diferentes camadas é explicado aqui.

4.1 Sistema de reconhecimento de assinaturas online

O reconhecimento de assinaturas é uma das áreas de investigação mais importantes no domínio do reconhecimento de identidades com base na biometria. A tecnologia é também considerada um tema de vanguarda em muitos domínios, como o reconhecimento de padrões e o processamento de sinais. Uma vantagem importante do reconhecimento de assinaturas em comparação com outros atributos biométricos é a sua longa tradição em muitos domínios comerciais comuns. De um modo geral, existem dois tipos principais de reconhecimento de assinaturas, nomeadamente o reconhecimento de assinaturas off-line e on-line.

O reconhecimento de assinaturas off-line consiste na análise apenas da imagem da assinatura. O principal inconveniente deste tipo de reconhecimento de assinaturas é o facto de a imagem da assinatura constituir, por si só, uma base de dados limitada para análise, difícil de determinar eficazmente a validade da assinatura. O reconhecimento de assinaturas em linha, por sua vez, consiste na digitalização da assinatura à medida que esta vai sendo produzida. Com este método, a informação obtida conterá não só a imagem da assinatura, mas também informação no domínio do tempo, como a velocidade e a aceleração da assinatura. Além disso, a pressão da assinatura pode ser registada através do bloco de escrita. Todas estas informações podem ser combinadas para determinar a validade de uma assinatura de forma muito mais eficaz do que um sistema de reconhecimento off-line é capaz. Neste trabalho, o reconhecimento de assinaturas em linha é utilizado porque adquire mais informações sobre a assinatura, o que inclui as propriedades dinâmicas das assinaturas. Pode extrair informações sobre a velocidade de escrita, os pontos de pressão, os traços, a aceleração, bem como as características estáticas das assinaturas. Isto conduz a uma maior precisão, uma vez que as características dinâmicas são muito difíceis de imitar. Para o reconhecimento de assinaturas em linha, é utilizado um tablet PC com Windows e a Active Stylus para digitalizar a assinatura de forma dinâmica.

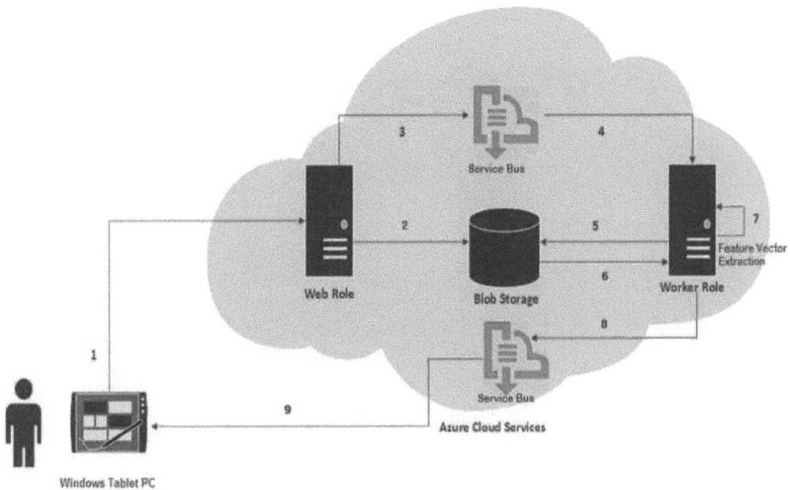

Figura 4.1: Processo de registo

a. Processo de inscrição:

Tal como descrito na figura 4.1, o sistema SRS recolhe amostras de assinaturas dos utilizadores através de uma interface dinâmica no Windows Tablet que reconhece a entrada do utilizador a partir da caneta Active Stylus, armazenando as suas coordenadas X, Y e a informação sobre a pressão como valores de entrada. A operação de registo também consiste em captar as assinaturas do utilizador a partir do Tablet PC Windows e, em seguida, carregar esta assinatura do utilizador no armazenamento de bolhas da nuvem utilizando uma função Web. Consiste também no processamento em segundo plano da extração de características efectuada pela função de trabalhador nas assinaturas carregadas. Após a extração de características, o vetor de características é armazenado no armazenamento de bolhas.

b. Processo de verificação:

Como ilustrado na Figura 4.2, a operação de verificação consiste em verificar se a assinatura é autêntica ou não. Existem vários métodos no mercado atual para verificar as assinaturas, utilizando métodos como a rede neural, a retropropagação, a caraterística de ponto dominante, etc. Calcular o vetor de características da assinatura verificada e comparar este vetor de características calculado com os vectores de características armazenados na memória de bolhas. Se o vetor de características calculado coincidir com o vetor de características armazenado na memória de bolhas, trata-se de uma assinatura válida, caso contrário, trata-se de uma assinatura inválida. A extração de características é feita utilizando o descritor local Webber.

A operação de verificação consiste em passos semelhantes aos da operação de registo, mas também consiste em mais alguns passos para a verificação da assinatura. Na operação de verificação, começa-se por capturar a assinatura do Tablet PC Windows e carrega-se as assinaturas a verificar para a função Web, juntamente com as informações sobre o curso. Esta função Web armazenará esta assinatura temporariamente com um nome de contentor diferente no armazenamento de blob. Depois de armazenar a assinatura, a função Web lança um item de trabalho numa fila para que o vetor de características seja calculado para a assinatura carregada e a assinatura seja autenticada. A função de trabalho aqui executará duas tarefas: a primeira é calcular o vetor de características da assinatura verificada e a segunda é executar a operação de verificação, verificando se existe alguma correspondência entre o vetor de características calculado e os vectores de características armazenados na memória de bolhas.

A função de trabalhador passa o resultado apropriado à função Web, que primeiro envia a resposta ao cliente e depois elimina o modelo de assinatura de verificação do armazenamento de blob.

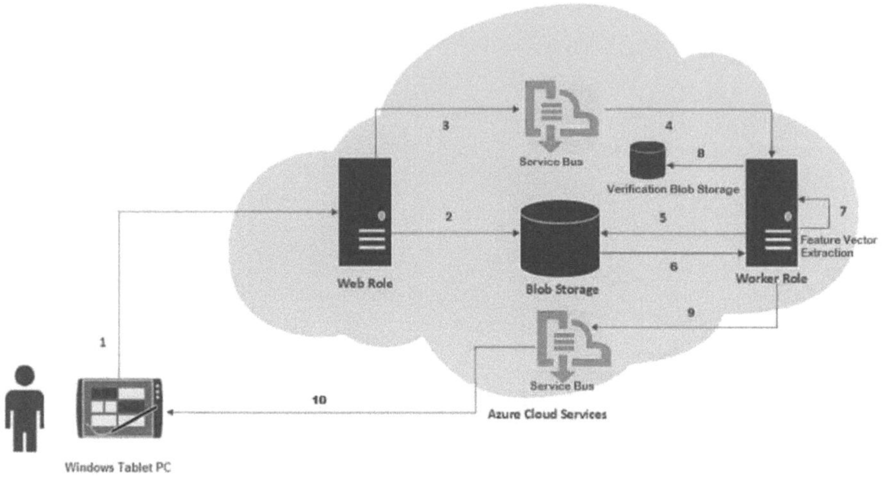

Figura 4.2: Processo de verificação

4.1.1 Capturar dados do Tablet PC utilizando a caneta Stylus ativa

No contexto deste projeto, o sistema necessita de um Tablet PC para captar a assinatura em tempo real. Assim, após uma pesquisa sobre os requisitos para o reconhecimento de assinaturas, os vários Tablet PC são o HP Envy x2, o Toshiba Encore 2, o ASUS Transformer Book T100 e o Acer Iconia W3. Observou-se que o Dell Venue 8 Pro tem quase as mesmas características, mas é mais caro e tem menos referências do que o Dell Venue 8 Pro, pelo que foi considerado o tablet PC mais adequado para as nossas necessidades, como mostra a Figura 4.3. As especificações do Dell Venue 8 Pro são apresentadas em seguida:

- Área ativa (HxWxT): 130,00 x 216,00 x 9,00
- Conectividade: USB Wi-Fi, conetividade Bluetooth
- Níveis de pressão - 0 a 10
- Caneta com sensor sem bateria
- Peso mínimo ON (peso mínimo detectado pela ponta da caneta) - 1 grama.
- Taxa de relatório - 197 pontos por segundo
- LPI - linhas por polegada-5080
- Sensores- Sensor de luz ambiente, Acelerómetro

Figura 4.3: Tablet Dell Venue 8 Pro e Active Stylus

O Dell Venue 8 Pro Tablet, juntamente com o Active stylus, fornece parâmetros convencionais, como a possibilidade de captar as coordenadas X, Y e a pressão da assinatura. Para interagir com este dispositivo, é utilizado o Microsoft Visual C# (.NET Framework 4.5). O desenvolvimento desta aplicação de interface requer a programação utilizando as bibliotecas Microsoft INK e a programação de assemblagem .NET [24].

As bibliotecas do Microsoft Ink fornecem repositórios para reconhecer a assinatura a partir do dispositivo. A interface concebida reúne todas as características acima referidas na aplicação para o reconhecimento de assinaturas. Os dados provenientes do dispositivo apresentam-se sob a forma de pacotes de dados. O pacote de dados capturado é constituído pelas seguintes características

1. Coordenadas X, Y e Z da ponta da caneta.
2. Pressão - pressão aplicada no ponto.
3. Pressão tangente - pressão tangente da ponta.

Algumas das características captadas são apresentadas na Figura. 4.4 (a) Os traços de caneta capturados em diferentes níveis de pressão são apresentados na Figura. 4.4 (b).

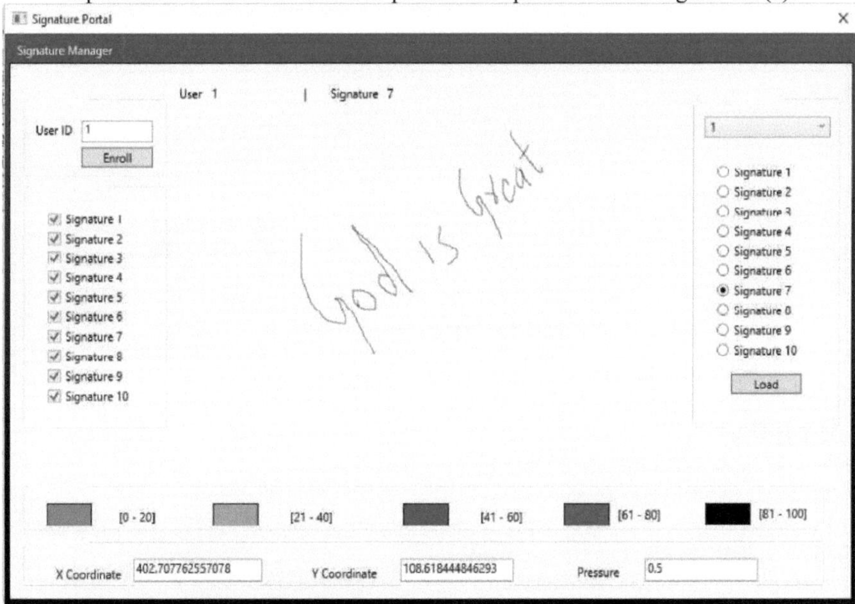

Figura 4.4 (a): Assinatura capturada do Windows Tablet PC

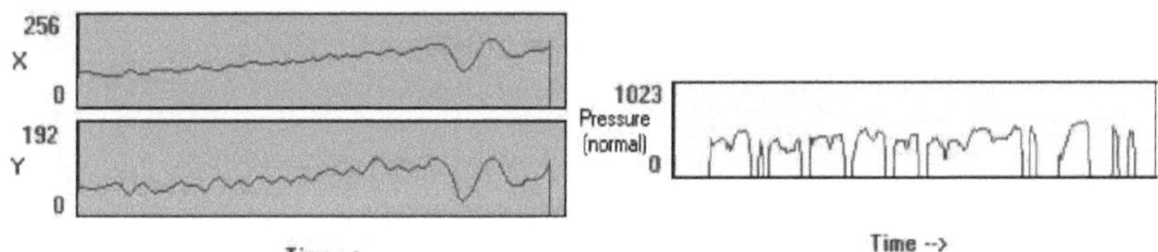

Figura 4.4 (b): Gráfico de características da assinatura para características multidimensionais - coordenadas X,Y,Z, pressão, azimute e parâmetro de altitude

4.1.2 Pré-processamento dos dados de assinatura

Quando os dados vêm do hardware, estão em bruto e o sistema tem de os pré-processar para normalizar os erros devidos à amostragem, quantização, velocidade do hardware, posição da assinatura, etc. Doroz e Wrobel [25] discutiram esta questão e propuseram uma técnica de amostragem uniforme do ponto para obter um número igual de pontos por unidade de tempo.

Como o tablet PC tem uma taxa finita de amostragem e de transferência de dados, não pode captar todos os pontos de uma curva, mas capta pontos finitos de acordo com a taxa de amostragem. Obtêm-se assim os resultados apresentados na figura. 4.4 (a). Há perda de continuidade nos pontos captados; há uma assinatura digitalizada estática, como mostra a Figura 4.4 (b), e as assinaturas dinâmicas da mesma pessoa são mostradas na Figura 4.4 (c), com cores diferentes que indicam níveis de pressão diferentes.

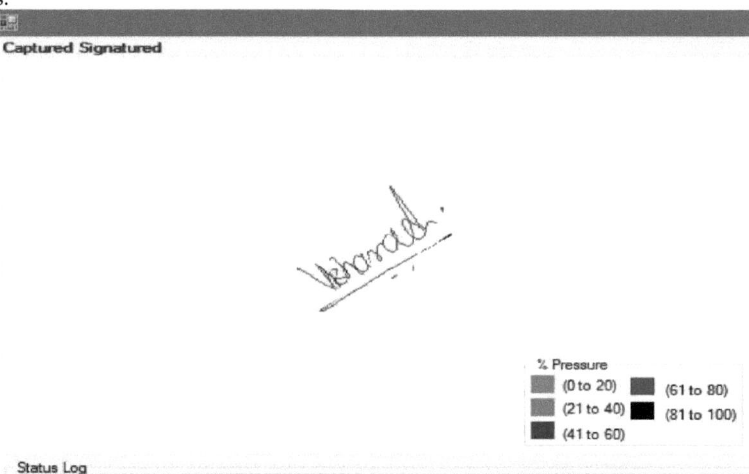

Figura 4.4 (c): Assinatura dinâmica com diferentes níveis de pressão

Pode observar claramente os pontos que são objeto de amostragem. Se a velocidade de assinatura for elevada, os pontos capturados são em menor número. Isto provoca uma perda de precisão nos dados de entrada e pode resultar numa diminuição da precisão do algoritmo de correspondência.

4.2 Módulos

O módulo de trabalho é composto basicamente por quatro módulos:

1 . Lado do cliente/Processo de registo

2 . API restrita

3 . Implementação do WLD na Nuvem Azure

4 . Processo de verificação

5 .2.1 Lado do cliente/Processo de registo

Esta aplicação capta as 10 assinaturas de um determinado utilizador. As assinaturas são capturadas utilizando um tablet pc Windows (utilizando a biblioteca Microsoft INK)

A cada utilizador é atribuído um ID de utilizador único que nos ajuda a identificar as suas 10 assinaturas. Depois de as assinaturas serem capturadas, é chamado o método POST da API Restful. Estas 10 assinaturas, juntamente com a identificação do utilizador, são fornecidas ao AP1.

6 .2.2 API restrita

A API recebe duas coisas do cliente: em primeiro lugar, o ID de utilizador de um utilizador e, em segundo lugar, as 10 assinaturas desse utilizador. Agora, a API efectua as seguintes tarefas:

- A API estabelece uma ligação com o armazenamento de blob do Azure utilizando a cadeia de ligação. No lado da nuvem, a conta de armazenamento é criada primeiro, o que fornece informações de ligação a serem utilizadas na cadeia de ligação.

- Assim que a API recebe o ID de utilizador de um utilizador, cria dinamicamente um contentor com o mesmo nome que o ID de utilizador nessa conta de armazenamento.
- Agora, quando a API recebe as 10 assinaturas para o mesmo utilizador, armazena essas assinaturas no contentor criado apenas para esse utilizador. Assim, para cada utilizador, é criado dinamicamente um contentor na conta de armazenamento com o nome "mysignature" na plataforma Azure. O nome do contentor é o mesmo que o ID de utilizador de cada utilizador.
- Além disso, a API envia o nome do contentor, ou seja, a identificação do utilizador, para a fila do barramento de serviços, de modo a fornecer o nome do contentor à função de trabalhador para o processo de extração do WLD.

A API é publicada na função Web da plataforma Azure. A fila do barramento de serviços actua como o meio de comunicação entre a função Web e a função de trabalho.

7 .2.3 Implementação do WLD na nuvem

O núcleo deste trabalho é a extração de características para cada utilizador de modo a identificá-lo de forma única. Na nossa dissertação, é utilizado um método de extração de vectores de características denominado webber Local Descriptor, que é executado pela Azure Worker Role.

O processo é automaticamente iniciado quando a fila do barramento de serviços recebe a identificação de um utilizador, que pode ser alistada da seguinte forma

- A função de trabalhador extrai a identificação do utilizador da fila do barramento de serviços.
- O ID do utilizador não é mais do que o nome do contentor no armazenamento de blob que contém as 10 assinaturas de um utilizador como ficheiros de texto.
- A função de trabalhador estabelece uma ligação na mesma conta de armazenamento "a minha assinatura".
- Em seguida, vai para o contentor desse utilizador e lê todas as 10 assinaturas desse utilizador.
- Após esta etapa, é iniciado o processo W. No total, são gerados 10 ficheiros de texto após o processo WLD, juntamente com um ficheiro de texto que consiste nos parâmetros do classificador, para esse utilizador específico. Este ficheiro deve ser utilizado durante o processo de verificação. Para cada assinatura, são geradas características.
- Uma vez gerados os ficheiros de texto das características WLD, estes são armazenados apenas no Azure.
- Para as características WLD, é criada uma conta de armazenamento de diferenças com o nome 'mywldfeature'.
- Nesta conta, o contentor é criado dinamicamente com o nome do ID do utilizador. Neste contentor, são armazenados 10 ficheiros de características WLD

Isto completa a extração do mundo na nuvem.

8 .2.4 Processo de verificação

Agora, durante o processo de verificação de qualquer utilizador, do lado do cliente apenas o ID do utilizador é enviado para a API restful, em que o processo é o seguinte

- A API recebe o UserID do utilizador e envia-o para a fila do barramento de serviços.
- A função de trabalhador recebe a ID de utilizador da fila do barramento de serviços.
- Em seguida, vai para o armazenamento denominado "mywldfeature" e, depois, para o contentor com o mesmo nome que o ID de utilizador atual. Em seguida, lê o ficheiro de parâmetros do classificador gerado durante o processo de extração do WLD.
- O valor de confiança é gerado e o utilizador é verificado/ autenticado em conformidade.
- Para o processo de verificação, utilizamos as assinaturas 8, 9 e 10 e calculamos o valor de confiança.

4.4 Resumo

Este capítulo aborda o sistema de reconhecimento de assinaturas em linha com as suas várias operações, como a captura da assinatura do digitalizador, o pré-processamento dos dados e a extração de características utilizando o descritor local Webber. As características biométricas suaves e o processo de registo e de formação foram apresentados em pormenor. O sistema proposto baseia-se na arquitetura baseada na nuvem pública. A arquitetura generalizada do sistema proposto com as suas partes principais é aqui elaborada. Na operação de registo, as assinaturas são capturadas através de um Tablet PC Windows e, em seguida, carregadas no armazenamento de blob de registo na nuvem utilizando uma fila de barramento de serviços. A operação de verificação consiste numa operação de assinatura em direto e numa operação armazenada. Na operação de verificação da assinatura em direto, a assinatura a verificar é capturada na aplicação de formulário do Windows através do Tablet Windows. Na operação de verificação da assinatura armazenada, ambos os ID dos utilizadores cujas assinaturas devem ser verificadas são retirados do próprio utilizador em tempo de execução e, em seguida, são comparados na nuvem e o resultado é enviado de volta ao cliente. Na operação de armazenamento de blob, são criadas duas contas de armazenamento, uma que armazena as assinaturas no momento da inscrição e outra no momento da verificação. A operação de correspondência é executada pelo motor de deteção que funciona dentro da função de trabalhador de verificação. O motor de deteção é, na realidade, um grupo de funções organizadas em camadas para efeitos de comparação e decisão. O capítulo seguinte aborda os resultados e a análise do desempenho do sistema proposto

Capítulo 5
Resultados e discussões

Este capítulo descreve a saída de toda a interface do sistema e a análise do desempenho da extração do vetor de características, onde para comparar o desempenho do vetor de características são utilizados vários parâmetros de desempenho. Depois disso, a análise TAR-TRR é efectuada em várias fusões dos parâmetros do vetor de características. Os pormenores de implementação do sistema de reconhecimento de assinaturas baseado na nuvem, os resultados do processo de captura de assinaturas, o processo de carregamento de assinaturas, o processo de extração de características e o processo de verificação são aqui apresentados em pormenor.

5.1 Saída

A saída geral dos vários módulos, juntamente com o seu processo de trabalho, é explicada nesta secção.

5.1.1 Aplicação do lado do cliente

A aplicação do lado do cliente é responsável por captar a assinatura do Tablet PC, gerar localmente a caraterística WLD da assinatura e, em seguida, carregá-la para o armazenamento na nuvem, para ser extraída na nuvem utilizando a API Restful, que comunica com a nuvem utilizando a função Web, que inicia então a função de trabalhador para realizar a extração do vetor de características.

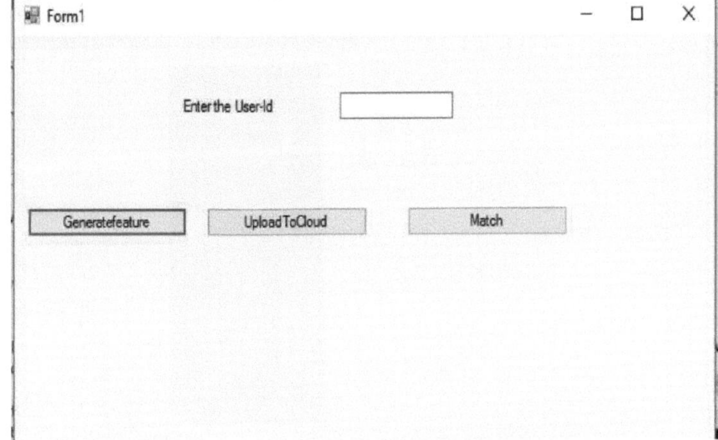

Figura 5.1: Aplicação Cliente que gera características localmente

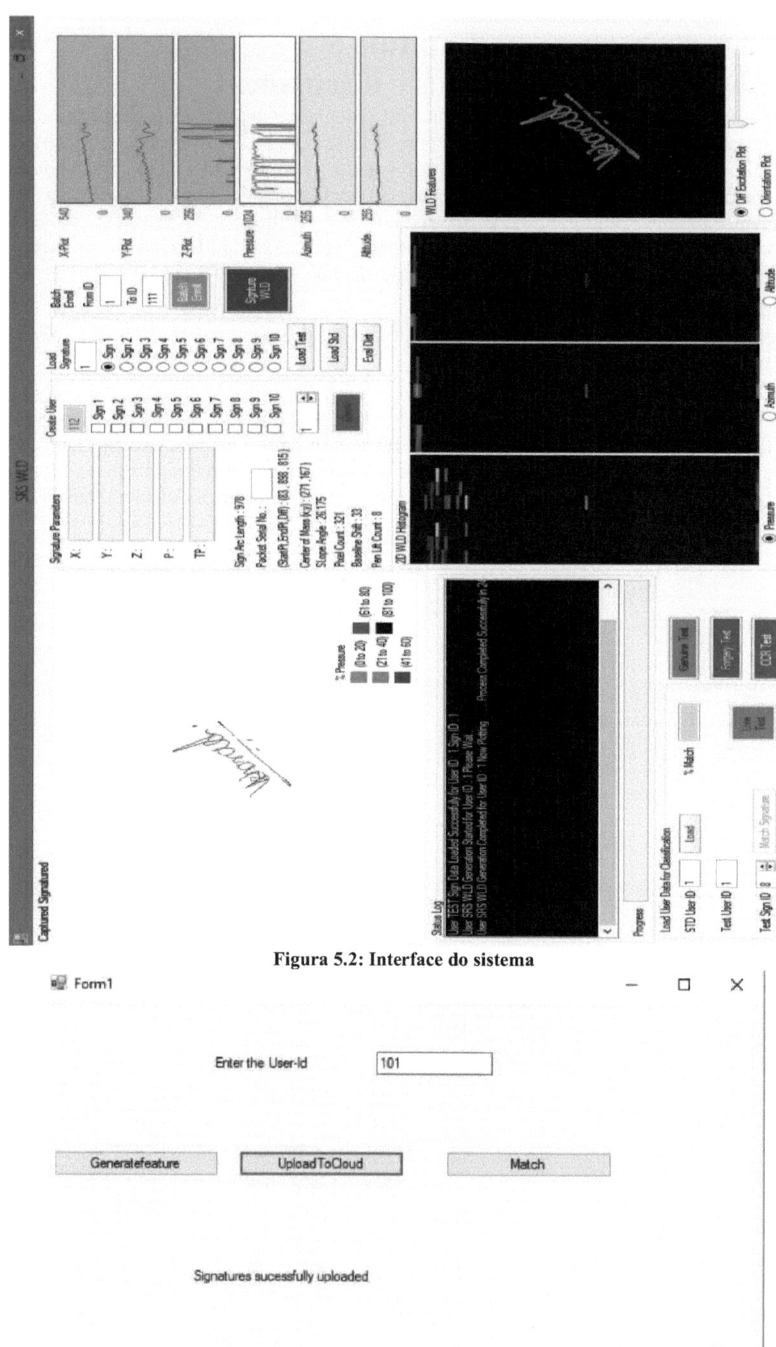

Figura 5.2: Interface do sistema

Figura 5.3: Aplicação cliente para carregar dados para a nuvem

5.1.2 Criação de uma conta de armazenamento do Microsoft Azure para armazenar a assinatura do utilizador

Para iniciar o processo de nuvem, é necessário criar uma conta de armazenamento num serviço de nuvem como o Azure. Em seguida, após a conclusão bem sucedida, a chave e os detalhes da conta são utilizados para criar o armazenamento na nuvem pela aplicação cliente, neste caso - "mysignature", que criará contentores para armazenar a identidade específica do utilizador (ID do utilizador) das assinaturas do utilizador como BLOBs, que consistem em dez assinaturas cada, cuja mensagem é comunicada à fila do barramento de serviços.

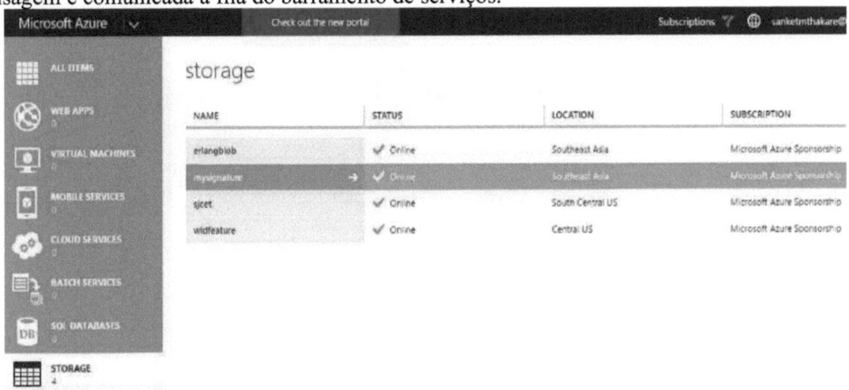

Figura 5.4: Aplicação cliente para carregar dados para a nuvem

Figura 5.5: Criação de um contentor com assinatura UserID

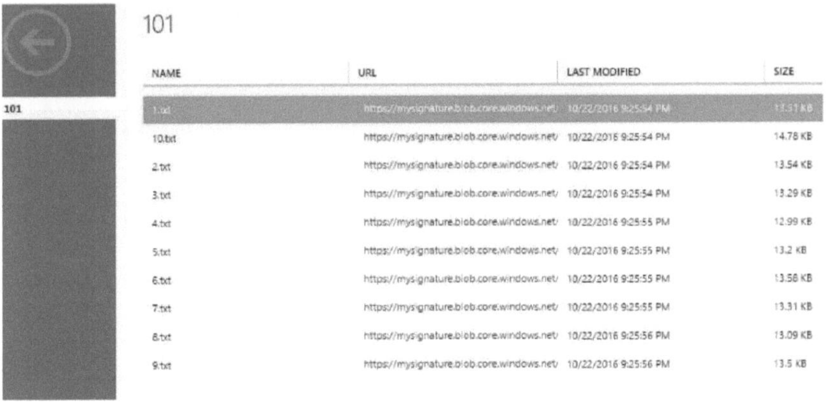

101

101

NAME	URL	LAST MODIFIED	SIZE
1.txt	https://mysignature.blob.core.windows.net/	10/22/2016 9:25:54 PM	13.51 KB
10.txt	https://mysignature.blob.core.windows.net/	10/22/2016 9:25:54 PM	14.78 KB
2.txt	https://mysignature.blob.core.windows.net/	10/22/2016 9:25:54 PM	13.54 KB
3.txt	https://mysignature.blob.core.windows.net/	10/22/2016 9:25:54 PM	13.29 KB
4.txt	https://mysignature.blob.core.windows.net/	10/22/2016 9:25:55 PM	12.99 KB
5.txt	https://mysignature.blob.core.windows.net/	10/22/2016 9:25:55 PM	13.2 KB
6.txt	https://mysignature.blob.core.windows.net/	10/22/2016 9:25:55 PM	13.58 KB
7.txt	https://mysignature.blob.core.windows.net/	10/22/2016 9:25:55 PM	13.31 KB
8.txt	https://mysignature.blob.core.windows.net/	10/22/2016 9:25:56 PM	13.09 KB
9.txt	https://mysignature.blob.core.windows.net/	10/22/2016 9:25:56 PM	13.5 KB

Figura 5.6: Armazenamento bem sucedido de 10 assinaturas de User Id 101 no Azure BLOB

5.1.3 Execução da extração de WLD na função de trabalhador do Azure

Para efeitos de teste, utilizámos o Azure Windows Emulator. Depois de ter sido executado com êxito no emulador, também será executado na nuvem, o que é mostrado nas secções seguintes. A função de trabalhador obtém todos os dados necessários da fila do barramento de serviços (SBQ), que agora contém a mensagem do BLOB. Esta mensagem do SBQ é então utilizada para iniciar o processo de envio do nome do contentor, ou seja, UserID, utilizando a API Restful.

Figura 5.7 Nome do contentor (User-id) enviado para o SBQ através da API Restful

Figura 5.8 Leitura das assinaturas do utilizador id 101 para extrair as suas características únicas

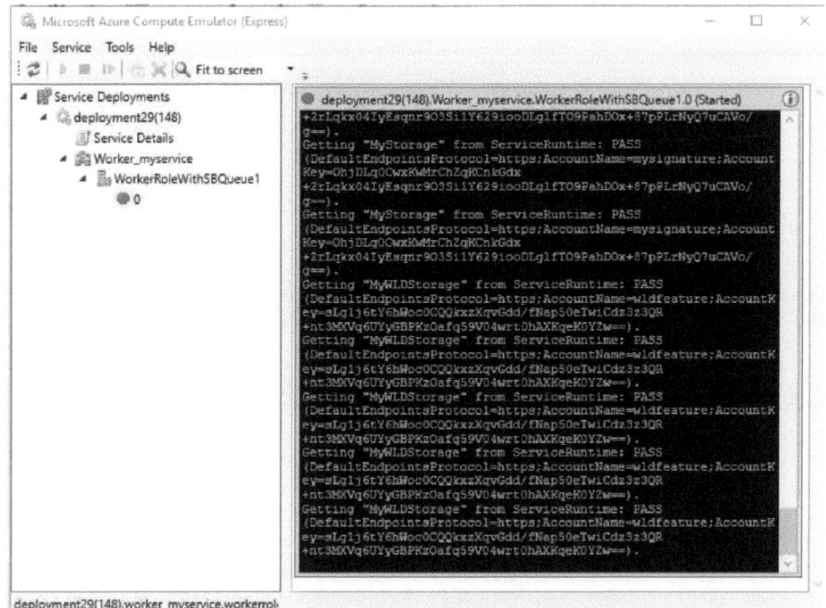

Figura 5.9: Execuções do processo WLD na função de trabalhador do Azure

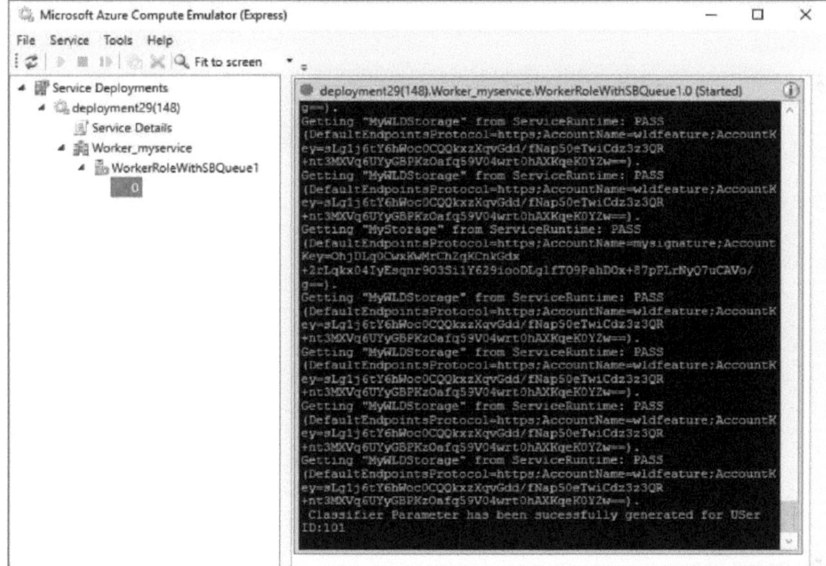

Figura 5.10: Extração bem sucedida do vetor de características para o utilizador id 101

5.1.4 Criação de uma conta de armazenamento do Microsoft Azure para armazenar funcionalidades de WLD

Para iniciar o processo de extração do vetor de características, é necessário criar uma conta de armazenamento num serviço de nuvem como o Azure. Posteriormente, após a ligação bem sucedida da chave e dos detalhes da conta, é criado um armazenamento na nuvem pela aplicação cliente, neste caso - "wldfeature", que criará então contentores para armazenar a identidade específica do utilizador (User ID) das assinaturas do utilizador como BLOBs, que consistem nos vectores de características extraídos de dez assinaturas cada, cuja mensagem é comunicada ao Service Bus Queue.

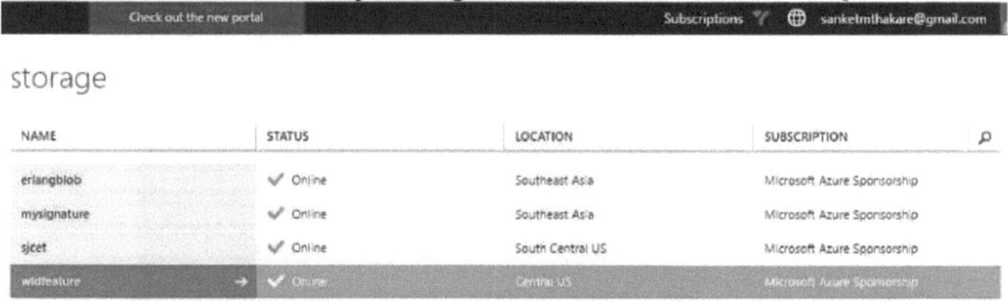

Figura 5.12: Criação de um contentor para cada utilizador para armazenar as suas características WLD

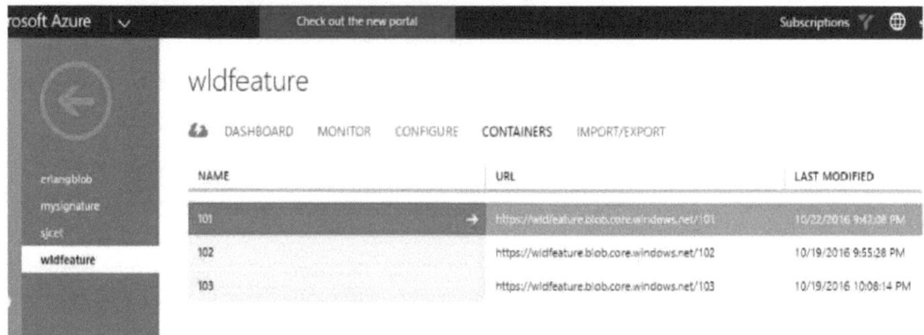

Figura 5.11: Criação de uma conta de armazenamento para guardar características de WLD de diferentes utilizadores

osoft Azure | Check out the new portal | Subscriptions

101

NAME	URL	LAST MODIFIED	SIZE
1.txt	https://wldfeature.blob.core.windows.net/1	10/22/2016 9:41:29 PM	25.51 KB
10.txt	https://wldfeature.blob.core.windows.net/1	10/22/2016 9:41:43 PM	25.51 KB
2.txt	https://wldfeature.blob.core.windows.net/1	10/22/2016 9:41:31 PM	25.51 KB
3.txt	https://wldfeature.blob.core.windows.net/1	10/22/2016 9:41:33 PM	25.51 KB
4.txt	https://wldfeature.blob.core.windows.net/1	10/22/2016 9:41:35 PM	25.51 KB
5.txt	https://wldfeature.blob.core.windows.net/1	10/22/2016 9:41:36 PM	25.5 KB
6.txt	https://wldfeature.blob.core.windows.net/1	10/22/2016 9:41:37 PM	25.5 KB
7.txt	https://wldfeature.blob.core.windows.net/1	10/22/2016 9:41:38 PM	25.51 KB
8.txt	https://wldfeature.blob.core.windows.net/1	10/22/2016 9:41:39 PM	25.5 KB
9.txt	https://wldfeature.blob.core.windows.net/1	10/22/2016 9:41:42 PM	25.51 KB
CPF.txt	https://wldfeature.blob.core.windows.net/1	10/22/2016 9:42:10 PM	310 B

Figura 5.13: Funcionalidades WLD do ID de utilizador 101 no armazenamento de blob do Azure

5.1.4 Inicialização do teste de correspondência

Depois de as assinaturas terem sido carregadas para o armazenamento na nuvem e de os seus vectores de características terem sido extraídos e armazenados com êxito no armazenamento na nuvem, é necessário verificar se as assinaturas correspondem ao conjunto de assinaturas fornecido. As assinaturas 1 a 7 são utilizadas para o conjunto de treino, ao passo que as assinaturas 8, 9 e 10 são utilizadas para correspondência. O nível de confiança precisa de ser verificado para estas assinaturas, o que é mostrado a seguir:

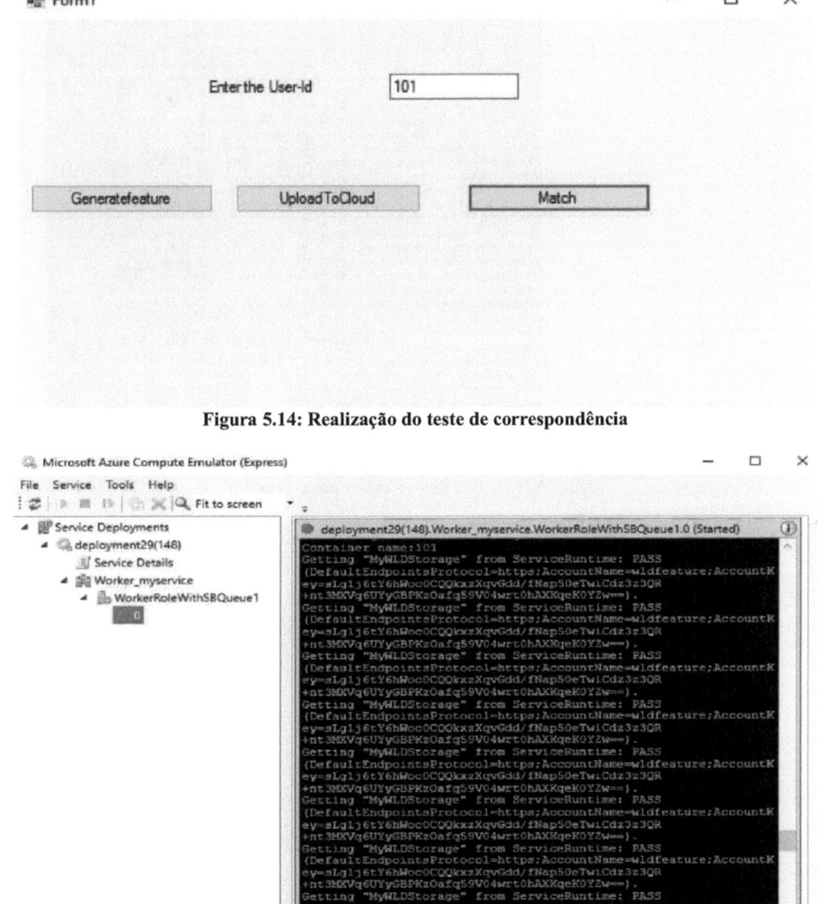

Figura 5.14: Realização do teste de correspondência

Figura 5.15: Leitura das características WLD e dos parâmetros do classificador para o utilizador id 101 para calcular a confiança

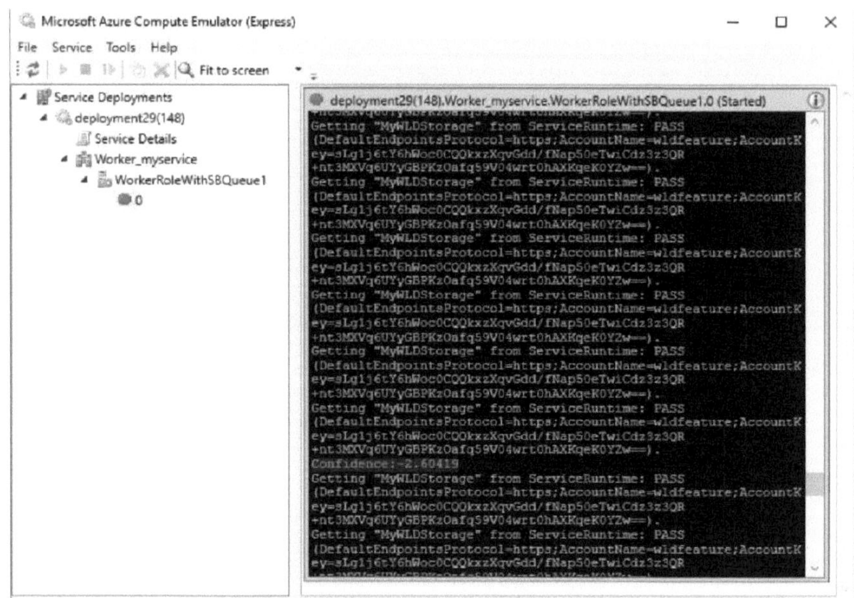

Figura 5.16: Valor de confiança para o sinal 8

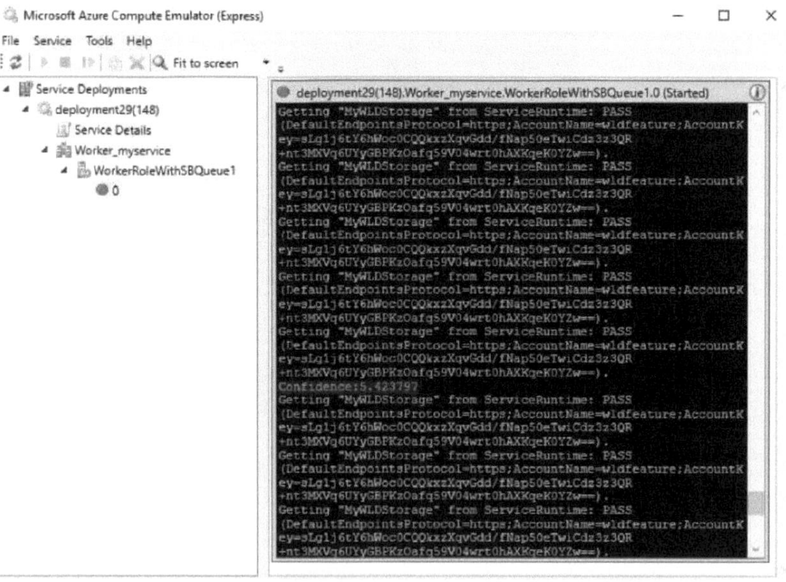

Figura 5.17: Valor de confiança para o sinal 9

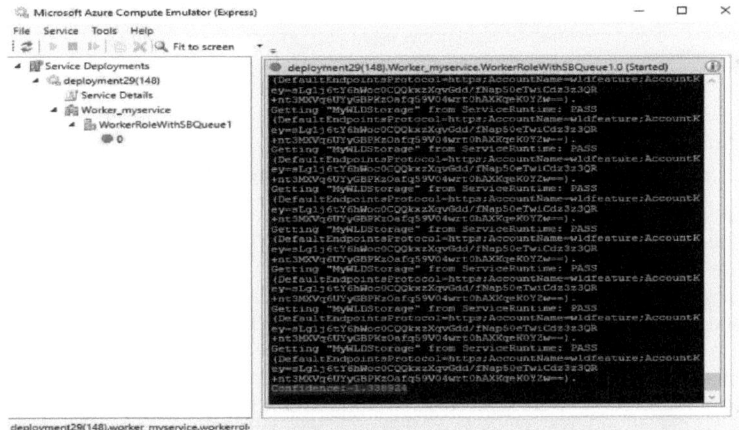

Figura 5.18: Valor de confiança para o sinal 10

5.2 Análise de desempenho da extração de vectores de características com base no carimbo de data/hora

Na análise do desempenho da extração de vectores de características com base em carimbos de data/hora, o desempenho do vetor de características é comparado com diferentes parâmetros ou métricas de desempenho. Depois disso, a análise TAR-TRR é efectuada em várias fusões dos parâmetros do vetor de características.

5.2.1 Métricas de desempenho

O desempenho de um sistema biométrico é medido por diferentes parâmetros ou métricas. Os seguintes parâmetros são utilizados como métricas de desempenho para os sistemas biométricos [54].

- **Taxa de falsa aceitação ou taxa de falsa correspondência (FAR ou FMR)**
  A probabilidade de o sistema fazer corresponder incorretamente o padrão de entrada a um modelo não correspondente na base de dados. Mede a percentagem de entradas inválidas que são incorretamente aceites.
- **Taxa de falsa rejeição ou taxa de falsa não correspondência (FRR ou FNMR)**
  A probabilidade de o sistema não conseguir detetar uma correspondência entre o padrão de entrada e um modelo correspondente na base de dados. Mede a percentagem de entradas válidas que são incorretamente rejeitadas. Característica de funcionamento do recetor ou Característica de funcionamento relativo (ROC). O gráfico ROC é uma caraterização visual do compromisso entre a FAR e a FRR. Em geral, o algoritmo de correspondência toma uma decisão com base num limiar que determina a proximidade de um modelo que a entrada deve ter para ser considerada uma correspondência. Se o limiar for reduzido, haverá menos falsas não-correspondências mas mais falsas aceitações. Do mesmo modo, um limiar mais elevado reduzirá a FAR mas aumentará a FRR.
- **Equal Error Rate ou Crossover Error Rate (EER ou CER)**
  A taxa em que os erros de aceitação e rejeição são iguais. O valor do EER pode ser facilmente obtido a partir da curva ROC. O EER é uma forma rápida de comparar a precisão de dispositivos com diferentes curvas ROC. Em geral, o dispositivo com o EER mais baixo é o mais exato. Obtido a partir do gráfico ROC, tomando o ponto em que FAR e FRR têm o mesmo valor.
- **Taxa de Classificação Correcta (CCR)**
  Utilizando a matriz acima descrita, que é a Equal Error Rate (EER), podemos decidir qual o limiar ótimo que estes dados utilizam para conceber o classificador. No trabalho, é utilizado o classificador baseado na distância euclidiana, o vetor de características discutido neste relatório será utilizado para o reconhecimento de assinaturas. São efectuados testes de autenticidade e de falsificação. O CCR indica a exatidão do teste. No caso dos testes genuínos, é o número total de

assinaturas aceites em relação ao total de testes genuínos realizados e, no caso dos testes de falsificação, é o número total de assinaturas rejeitadas em relação ao total de testes de falsificação realizados.

- **Índice de desempenho (PI)**
  O EER para a análise FAR-FRR deve ser baixo (idealmente zero). O índice de desempenho (PI) de um sistema biométrico com base nisto é o seguinte

$$PI = 100 - EER \qquad (5.1)$$

  Para indicar o desempenho dos sistemas, são utilizados o índice de desempenho (PI), as taxas de erro iguais (EER) do gráfico FAR-FRR e o rácio de classificação correcta (CCR).
- **Índice de Desempenho de Segurança (SPI)**
  Este é um novo parâmetro proposto por H. B. Kekre, que indica a rapidez com que o EER é alcançado. Na Figura 5.2, uma curva FAR-FRR típica, o EER é dado pelo ponto de cruzamento. A linha AB mostra a distância a que a FAR começou a aumentar e a linha AC indica a FAR e a FRR óptimas possíveis alcançadas pelo sistema. Se o limiar correspondente a AC for mais elevado, o EER será alcançado de forma mais lenta ou atrasada, resultando num FAR mais elevado. Assim, no caso IDEAL, deve ser baixo e rapidamente alcançado, resultando em AB=AC. O índice de desempenho de segurança é definido como,

$$SPI = \frac{AB}{AC} \qquad (5.2)$$

Idealmente SPI = 1 (ou 100%), o SPI pode ser utilizado para comparar o desempenho dos sistemas de autenticação biométrica quando dois sistemas têm o mesmo EER. O sistema com um SPI mais elevado tem um melhor desempenho. Avaliamos o SPI dos diferentes vectores de características. Outras métricas relacionadas com os dispositivos sensores são a taxa de falha de registo (Failure to Enroll Rate - FTE), a taxa de falha de captura (Failure to Capture Rate - FTC) e a capacidade do modelo. Como a FAR e a FRR são interdependentes, é mais significativo traçá-las uma contra a outra, como mostra a Figura 5.2 Cada ponto no gráfico representa o desempenho de um sistema hipotético em várias configurações de sensibilidade. Com este gráfico, é possível comparar estas taxas para determinar a taxa de erro cruzado (Taxa de erro igual). Quanto mais baixa for a CER (EER), mais exato é o sistema. Geralmente, os traços biométricos fisiológicos são mais precisos do que os comportamentais. São avaliadas métricas de avaliação como a taxa de falsa aceitação (FAR), a taxa de falsa rejeição (FRR), a taxa de aceitação verdadeira (TAR) e a taxa de rejeição verdadeira (TRR). Estas são especificadas da seguinte forma,

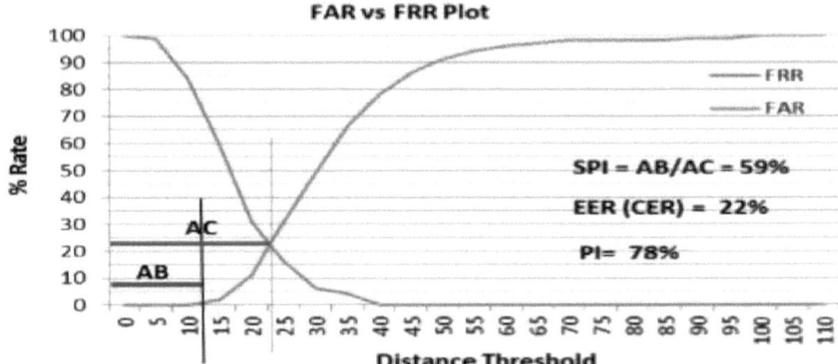

Figura 5.19: Um gráfico típico de FAR vs. FRR mostrando o cruzamento (curva ROC)

Neste trabalho, para comparar o desempenho do vetor de características, são utilizados os seguintes parâmetros de desempenho

1. Curva FAR- FRR
2. Índice de desempenho (PI)

3. Índice de Desempenho de Segurança (SPI).

4. CCR (Taxa de Classificação Correcta)

$$FAR = \frac{\text{Total Number Imposter Fingerprints Accepted as Genuine}}{\text{Total Number of Forgery Tests Performed}} \quad (5.3)$$

$$FRR = \frac{\text{Total Number Genuine Fingerprints Rejected as Imposter}}{\text{Total Number of Genuine Matching Tests Performed}} \quad (5.4)$$

$$TAR = \frac{\text{Total Number Genuine Fingerprints Accepted}}{\text{Total Number of Genuine Matching Tests Performed}} \quad (5.5)$$

$$TRR = \frac{\text{Total Number Imposter Fingerprints Rejected}}{\text{Total Number of Forgery Tests Performed}} \quad (5.6)$$

5. 2.2 Resultados do reconhecimento de assinaturas

Para testar o algoritmo de correspondência, foram recolhidas 1110 amostras de 111 pessoas (10 assinaturas de cada pessoa), das quais sete assinaturas foram utilizadas para treino e três assinaturas para teste. A experiência foi efectuada com estas amostras de assinaturas. Os testes foram efectuados em assinaturas genuínas e em assinaturas falsificadas. O total de testes para as assinaturas genuínas é de 2331 e de 256410 para as assinaturas falsificadas. Durante o teste, o vetor de características é gerado nas seguintes variações:

[1] Pressão (P)
[2] Azimute (AZ)
[3] Altitude (AL)
[4] Distância Euclidiana (ED)
[5] Multi Modal (MM)
[6] Escore de similaridade de pressão (PSS)
[7] Intersecção do histograma normalizado de pressão (PNHI)
[8] Fusão de todos os vectores de características acima referidos com SBF (Soft Biometrics Feature)

Na primeira linha destacada, o vetor de características que envolve a pontuação da Similaridade tem um Índice de Desempenho e um Índice de Desempenho de Segurança mais elevados, no entanto, na tabela Multimodal, a linha com a Biometria Suave tem um Índice de Desempenho mais elevado e um Índice de Desempenho de Segurança mais baixo, o que proporciona a este trabalho a medida de desempenho mais elevada.

A figura 5.20 mostra a análise TAR-TRR com o índice de desempenho das características WLD juntamente com as características biométricas suaves. Nesta técnica, as características WLD e Soft Biometrics são combinadas para avaliar o desempenho em multimodal. O valor PI é 78,10 e o valor SPI é 0,16, o que permite concluir que esta é a técnica que apresenta o melhor desempenho quando combinada com a biometria suave.

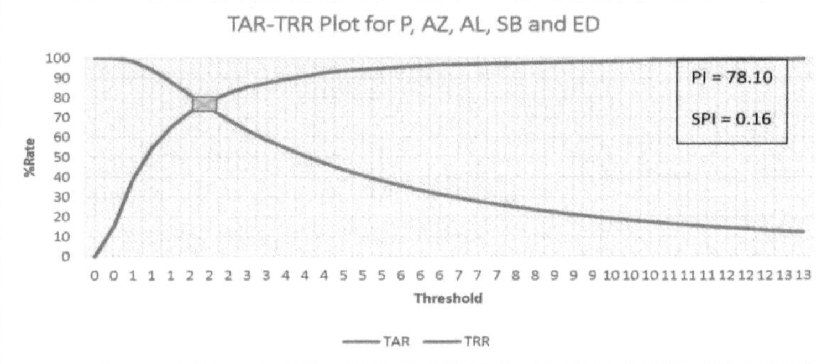

Figura 5.20 Gráfico TAR-TRR para a pressão, azimute, altitude, biometria suave e distância euclidiana

A figura 5.20 mostra a análise TAR-TRR com o índice de desempenho das características WLD. Aqui, é representado um sistema multimodal que combina pressão, azimute, altitude e distância euclidiana. O valor PI é 75,01 e o SPI é 0,2, o que, após avaliação, não é o melhor resultado de desempenho.

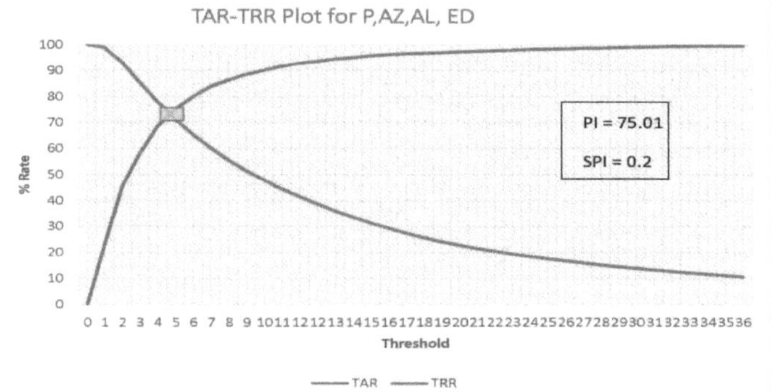

Figura 5.21 Gráfico TAR-TRR para Pressão, Azimute, Altitude, Distância Euclidiana

A figura 5.21 mostra a análise TAR-TRR com o índice de desempenho das características WLD. Aqui, é apresentado um sistema unimodal que combina a pontuação de similaridade e a pressão. O valor PI é de 76,54 e o SPI é de 0,59, o que, após avaliação, dá um bom resultado de desempenho, embora não seja o melhor.

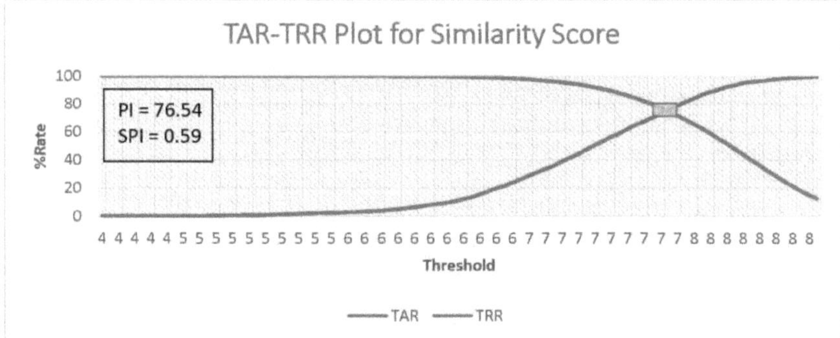

Figura 5.22 Gráfico TAR-TRR para a pontuação de similaridade

A figura 5.22 mostra a análise TAR-TRR com o índice de desempenho das características WLD. Aqui, é apresentado um sistema unimodal que combina a altitude e a distância euclidiana. O valor PI é 75,27 e o SPI é 0,2, o que, após avaliação, não é o melhor resultado de desempenho.

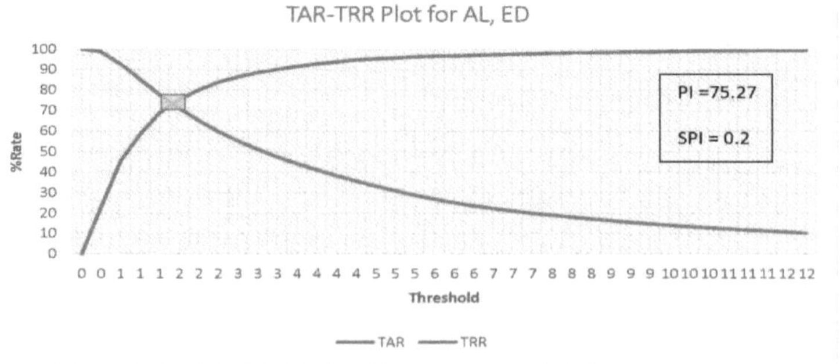

Figura 5.23 Gráfico TAR-TRR para Altitude, Distância Euclidiana

A figura 5.23 mostra a análise TAR-TRR com o índice de desempenho das características WLD. Aqui, é apresentado um sistema unimodal que combina o azimute e a distância euclidiana. O valor PI é 75,27 e o SPI é 0,2, o que, após avaliação, não é o melhor resultado de desempenho.

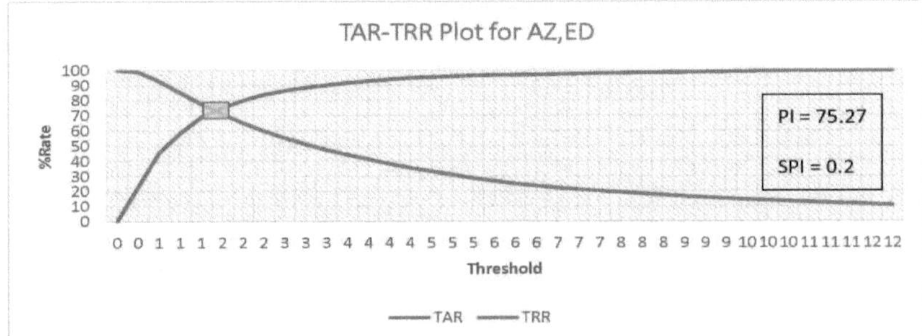

Figura 5.24 Gráfico TAR-TRR para Azimute, Distância Euclidiana

A Figura 5.25, Figura 5.23, mostra a análise TAR-TRR com o índice de desempenho das características WLD. Aqui, é apresentado um sistema unimodal que combina a pressão e a distância euclidiana. O valor PI é 75,15 e o SPI é 0,2, o que, após avaliação, não é o melhor resultado de desempenho.

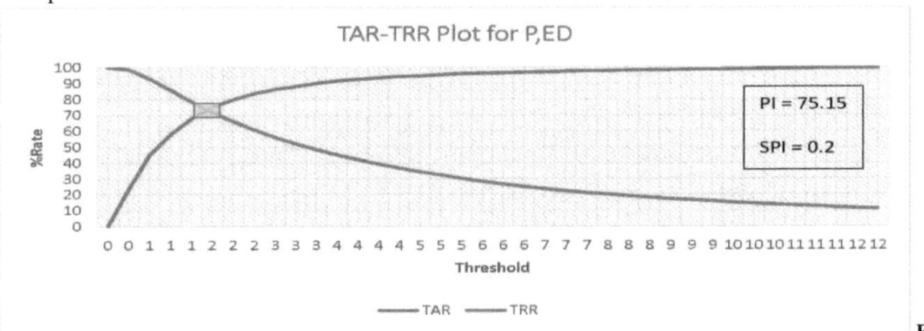

Figura 5.25 Gráfico TAR-TRR para a pressão, distância euclidiana

Figura 5.25 A Figura 5.23 mostra a análise TAR-TRR com o índice de desempenho das características WLD. Aqui, é apresentado um sistema unimodal que combina a Pressão e a Intersecção de Histograma Normalizado. O valor PI é de 72,64 e o SPI é de 0,2, o que, após avaliação, não é o melhor resultado de desempenho.

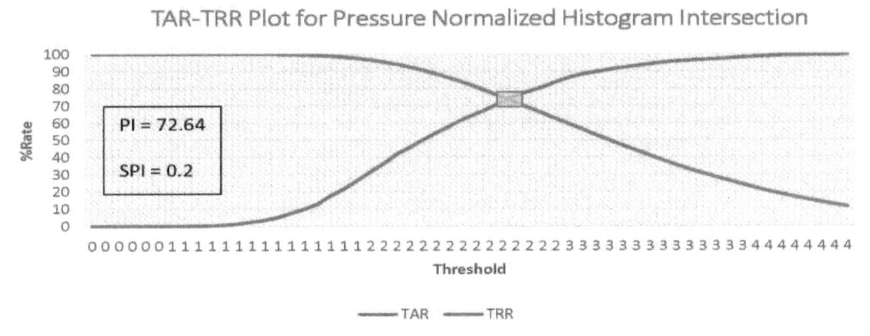

Figura 5.26: Gráfico TAR-TRR para a pressão, intersecção de histograma normalizado

Tabela 5.2: Variações do vetor de características unimodais

Vetor de características	Distância	PI	SPI
Pressão	Distância Euclidiana	75.15	0.2
Azimute		75.27	0.2
Altitude		75.27	0.2
Desempenho	Pontuação de similaridade	76.34	0.59
Pressão	Intersecção de histograma normalizado	72.64	0.26

Tabela 5.2: Variações do vetor de características multimodais

Vetor de características	Distância	PI	SPI
Pressão + Azimute + Altitude	Euclidiano Distância	75.01	0.2
Pressão + Azimute + Altitude + Biometria suave		78.10	0.16

Assim, é claramente visível a partir dos resultados acima que o melhor índice de desempenho é obtido quando as características WLD são combinadas com características biométricas suaves, o que dá um valor de índice de desempenho de 78,10 e um índice de desempenho de segurança de 0,16, o que é desejável.

5.4 Resumo

Este capítulo apresenta uma análise detalhada do desempenho da extração de vectores de características com base na pressão. Além disso, o capítulo abordou em profundidade os vários resultados do processo de captura de assinaturas, do processo de carregamento de assinaturas na nuvem, do processo de extração de características e do processo de verificação. Também foi feita a comparação do desempenho do processo de extração de vectores de características baseado no WLD no sistema baseado na nuvem e no sistema existente.

Também se observou que o melhor resultado de desempenho para este método de extração de características é possível quando é combinado com características biométricas suaves, como o deslocamento da linha de base, a contagem de traços, a contagem de pixels e as coordenadas XY. O capítulo seguinte apresenta as conclusões e o âmbito futuro do sistema proposto.

Conclusões

Este trabalho aborda os problemas enfrentados pelo sistema tradicional de reconhecimento de assinaturas em linha e a forma como são resolvidos através da implementação do sistema de reconhecimento de assinaturas em linha na nuvem. A arquitetura proposta tem uma arquitetura baseada na nuvem pública.

Neste trabalho, a arquitetura baseada na nuvem pública é discutida em pormenor e implementada com êxito na nuvem do Microsoft Azure, com o objetivo de conceber um sistema de reconhecimento de assinaturas em linha altamente escalável, conectável e mais rápido. Esta arquitetura proporciona uma melhoria de 90% na velocidade de execução em comparação com a implementação existente. Este relatório descreve em pormenor o processo de aquisição de assinaturas através da mesa digitalizadora, o armazenamento de assinaturas num blob storage, o envio de mensagens de e para a fila do barramento de serviços e, por último, a extração de vectores de características na nuvem. O sistema proposto na dissertação é capaz de operar com enormes quantidades de dados, o que, por sua vez, induz a necessidade de uma capacidade de armazenamento suficiente e de um poder de processamento significativo com uma abordagem mais económica.

O relatório desta dissertação propõe uma nova conceção de um classificador baseado na nuvem. Esta implementação é um classificador baseado na nuvem em tempo real que funciona como SaaS, o que melhora a precisão da operação de correspondência de assinaturas. O descritor local Webber é utilizado para a extração do vetor de características. O vetor de características modificado, juntamente com o classificador SaaS, permite obter um CCR mais elevado. O sistema de assinatura em linha proposto dá 78,10 % de PI (índice de desempenho). Esta implementação é de grande importância no caso da banca em linha e do comércio eletrónico, em que as assinaturas dinâmicas manuscritas podem ser utilizadas para autenticação de transacções.

Limitações

Uma vez que os dados biométricos são sensíveis, é necessário ter o máximo cuidado no armazenamento dos traços biométricos, bem como dos vectores de características. A arquitetura proposta é uma arquitetura baseada na nuvem pública em que os dados biométricos e o serviço biométrico são ambos executados na nuvem pública. Esta arquitetura baseada na nuvem pública é uma implementação flexível e de baixo custo, mas, uma vez que os dados são armazenados numa nuvem pública, há riscos envolvidos.

Também nesta dissertação, o hardware utilizado para capturar a assinatura foi inicialmente o Venus Dell Pro 8, que não era suficientemente competente no que diz respeito à configuração do hardware e do software para capturar a sensibilidade à pressão ao nível desejado, uma vez que eram necessários dados de pressão até 1024 para traçar uma assinatura precisa com base nos dados introduzidos pelo utilizador. O hardware utilizado foi o Synaptics, que media os níveis de pressão, que foi substituído por controladores melhores durante a compilação deste livro. Deste modo, o hardware existente não foi suficiente para efetuar todo o funcionamento do sistema. Foi lançada uma versão melhorada e actualizada do mesmo tablet, com a superfície de hardware WACOM incorporada no ecrã do Windows Tablet PC, denominada New Venue Pro 8, que apresentava níveis mais elevados de precisão no que respeita à sensibilidade à pressão.

Âmbito do trabalho futuro

A arquitetura proposta assenta numa arquitetura baseada na nuvem pública. Uma vez que os dados biométricos são sensíveis, há que ter o máximo cuidado no armazenamento dos traços biométricos, bem como dos vectores de características. Seguem-se os pontos que podem ser modificados no sistema atual:

1. No SRS em linha baseado na nuvem pública, o serviço de reconhecimento de assinaturas em linha, bem como o armazenamento de dados, é efectuado na nuvem. Este modelo é uma implementação flexível e de baixo custo, mas como os dados são armazenados numa nuvem pública, há riscos envolvidos. Por conseguinte, podem ser aplicadas medidas de segurança como o OAuth 2 para obter um nível mais elevado de autorização e autenticação.
2. O sistema proposto pode ser utilizado numa versão renovada de um tablet Windows denominado New Dell Venue Pro 8 ou em qualquer Tablet PC com Windows que tenha o ecrã de interface WACOM em vez do anterior ecrã de interface Synaptics, que tinha um nível de precisão de baixa sensibilidade à pressão.

Referências

A. K. Jain, A. Ross, e S. Prabhakar, "An Introduction to Biometric Recognition," *IEEE Trans. Circuits Syst. Video Technol.*, vol. 14, no. 1, pp. 4-20, 2004.

S. J. Simske, "Dynamic biometrics: The case for a real-time solution to the problem of access control, privacy and security", em *2009 1st IEEE International Conference on Biometrics, Identity and Security, BIdS 2009*, 2009.

C. N. Hoefer e G. Karagiannis, "Taxonomia dos serviços de computação em nuvem", *IEEE Globecom Work.*, pp. 1345-1350, Dez. 2010.

P. Peer e J. Bule, "Building Cloud-based Biometric Services" ,An International Journal of Computing and Informatics, vol. 37, pp. 115-122, 2013.

A. A. Pawle e V. P. Pawar, "Face Recognition System (FRS) on Cloud Computing for User Authentication", n.º 4, pp. 189-192, 2013.

Cloud Computing: http://www.salesforce.com/cloudcomputing, Acedido em 10.08.2015,10:40 AM.

Serviço de computação em nuvem: http://totalsolutions247.com/cloud-computing-service.html, Acessado em 10.08.2015,10:40 AM.

Jie Chen, Shiguang Shan, Chu He, Guoying Zhao, Matti Pietikainen, Xilin Chen, Wen Gao, "WLD: A Robust Local Image Descriptor" *em IEEE Transactions on Pattern Analysis and Machine Intelligence*, 2009.

A. R. Shah e V. A. Bharadi, "Análise de desempenho de características biométricas suaves para o reconhecimento de assinaturas dinâmicas utilizando um vetor de características complexo baseado no plano de Walsh", *Conferência Internacional sobre Avanços em Computação e Tecnologias da Informação (ICACIT)*, 2014.

Bruno Terkaly (2014 , Mar. 01). "Introdução aos Serviços em Nuvem - O Laboratório de Plataforma como Serviço", Disponível: http://blogs.msdn.com/brunoterkaly/archive/2014/03/01/introduction-to-cloud- services-the-platform-as-a-service-lab.aspx. Acedido em 10.09.2015,06:40 PM.

Cloud Service: http://azure.microsoft.com/enus/documentation/ articles/cloud-services-what-is/, Acedido em 11.07.2015,11:40 AM.

Overview of Cloud Service: http://msdn.microsoft.com/en-us/library/hh867679.aspx, Acedido em 28.09.2015,07:30 PM.

Serviços de Armazenamento do Azure: http://azure.microsoft.com/en-in/documentation /services /storage/, Acedido em 21.06.2015,06:50 PM.

Opção de hospedagem de computação fornecida pelo Azure: https://azure.microsoft.com/en- gb/documentation/articles/fundamentals-application-models/, Acessado em 30.06.2015,4:30 PM.

Microsoft AzureStorage :http://www.anandpandey.com/post/2014/12/25/what-is-microsoft-azure-storage, Acedido em 22.10.2015, 15:40h.

Service Bus Messaging : http://azure.microsoft.com/en-gb/documentation/articles/service-bus-messaging-overview/, Acedido em 18.11.2015,09:40 AM.

Biometria : http://en.wikipedia.org/wiki/Biometrics ,Acedido em 10.11.2015,10:40 AM.

Biometria por John D. woodward, Jr. Nicholas M. orlans peter T. Higgins : McGrawHill, 432 páginas, 2003

Samir Nanavati, Michael Thieme e Raj Nanavati," Biometrics Identify verification in a Networked World": Wiley Computer Publication, ISBN: 978-0-471-09945-1. 320 páginas. abril de 2002.

Kousar Perveen khushk e Ahmad Ali Iqbal, "An Overview Of Leading Biometrics Technologies Used For Human Identity", *Univ. of Sindh, Hyderabad In proceeding of: Ciências da Engenharia e Tecnologia*, 2005.

"Biometrics - problem or solution": http://www.articsoft .com/ whitepapers / biometrics.pdf.

Taekyoung Kwon e Hyeonjoon Moon, "Biometric Authentication for Border Control Applications", *IEEE Transaction ob Knowledge and Data Engineering* , VOL. 20, NO. 8, AGOSTO DE 2008.

Kalyan Veeramachaneni , Lisa Ann Osadciw e Pramod K. Varshney, "An Adaptive Multimodal Biometric Management Algorithm", *IEEE Transaction on Systems, MAN and Cybersecurities- Parts C: Applications and Reviews* , VOL. 35, NO. 3, AGOSTO DE 2005.

Andrzej Pacut e Adam Czajka , "Recognition of Human Signatures", *IEEE TRANSACTIONS* ON 0-7803-7044-9/01/$10.00 200 2001.

Piotr Porwik e Tomasz Para, "Some Handwritten Signature Parameters in Biometric Recognition Process", *Actas da ITI 29th Int. Conf. sobre Interfaces de Tecnologias de Informação*, 25-28 de junho de 2007.

Rafal Doroz e Krzysztof Wrobel, "Method of Signature Recognition with the Use of the Mean Differences", *Actas da ITI 2009 31st Int. Conf. sobre Interfaces de Tecnologias de Informação,* 22-25 de junho, Cavtat, Croácia, 2009.

T. Kaewkongka, K. Chamnongthai, B. Thipakom, "Off-Line Signature Recognition Using Parameterized Hough Transform" ,*Proceedings of 5th Internaand its Applications, tional Symposium on Signal Processing* ,ISSPA _99, Australia,Vol.1, pp. 451 - 454, Aug 1999.

S. Armand, M. Blumenstein e V. Muthukkumarasamy, "Offline Signature Verification based on the Modified Direction Feature", *18.ª Conferência Internacional sobre Reconhecimento de Padrões, ICPR* 2006, pp.509 - 512, 2006.

R. Sabourin, G. Genest, F.J. Preteux, "Off-Line Signature Verification Local Granulometric Size Distributions", *IEEE Transaction on Pattern Analysis & Machine Intelligence*, Vol.19 , No.9, 1997.

R. Abbas, "Protótipo de rede neural de retropropagação para verificação de assinaturas off-line", tese apresentada à RMIT, 2003

Bai-ling Zhang, "Off-line Signature Recognition and Verification by Kernel Principal Component Self-regression", *Actas da 5ª Conferência Internacional sobre Aprendizagem e Aplicações de Máquinas (ICMLA'06)*, pp. 4 - 6. 2006.

M. Hanmandlua, Mohd. Hafizuddin, Mohd. Yusofb e V. K. Madasu," Off-Line Signature Verification and Forgery Detection using Fuzzy Modeling"!, *Journal of Pattern Recognition*, Vol. 38, No. 3.,pp. 341-356, março de 2005.

S. Audet, P. Bansal, S. Baskaran, "Offline Signature Verification using Virtual Support Vetor Machines", *ECSC 525--ArtificialIntelligence*, Projeto Final, 2006.

J. Edson, R. Justino, F. Bortolozzi e R. Sabourin, "The Interpersonal and Intrapersonal Variability Influences on Off-line Signature Verification Using HMM", *Anais do 15º Simpósio Brasileiro de Computação Gráfica e Processamento de Imagens*, pp. 197-202, out. 2002.

H B Kekre e V A Bharadi, "Off-Line Signature Recognition Using Morphological Pixel Variance Analysis", International Conference & Workshop on Emerging Trends in Technology, Mumbai, India, pp. 133-140, Feb. 2010 [36] M. Hanmandlua, Mohd. Hafizuddin, Mohd. Yusofb and V. K. Madasu," Off-Line Signature Verification and Forgery Detection using Fuzzy Modeling"!, *Journal of Pattern Recognition*, Vol. 38, No. 3.,pp. 341-356, março de 2005.

B. Majhi, Y. Reddy e D. Babu, "Novel Features for Off-line Signature Verification", *International Journal of Computers, Communications & Control* Vol. 1, No. 1, pp. 1724, 2006

J. Edson, R. Justino, F. Bortolozzi e R. Sabourin, "The Interpersonal and Intrapersonal Variability Influences on Off-line Signature Verification Using HMM", *Anais do 15º Simpósio Brasileiro de Computação Gráfica e Processamento de Imagens*, pp. 197-202, out. 2002.

T. Rhee e S. Cho, "On line Signature Recognition Using Model Guided Segmentation and Discriminative feature selection for skilled forgeries", *Actas da Sexta Conferência Internacional sobre Análise e Reconhecimento de Documentos*, pp. 645 - 649 , 2001148
Abdullah I. Al-Shoshan, "Handwritten Signature Verification Using Image Invariants and Dynamic Features", Actas da Conferência Internacional sobre Computação Gráfica, Imagem e Visualização (CGIV'06), pp.173 - 176, março de 2006
A. K. Jain, A. Ross, e S. Prabhakar, "On Line Signature Verification", *Journal of Pattern Recognition*, Vol. 35, No. 12, pp.2963-2972, Dez. 2002
H.B.Kekre, V.A.Bharadi, "Gabor Filter Based Feature Vetor for Dynamic Signature Recognition", *International Journal of Computer Applications (0975 - 8887)* Vol. 2 - No.3, May 2010
H. lei, S. Palla e V Govindraju, "ER2: an Intuitive Similarity measure for On-line Signature Verification", *IWFHR '04 Proceedings of the 9th International Workshop on Frontiers in Handwriting Recognition,* 2004
S.A Daramola e Prof. T.S Ibiyemi, "Sistema eficiente de verificação de assinaturas em linha", Revista Internacional de Engenharia e Tecnologia IJET-IJENS Vol.10 No.04 42, agosto de 2010
Shafiei M, H. Rabiee, "A New On-Line Signature Verification Algorithm Using Variable Length Segmentation and Hidden Markov Models", *Proceedings of the Seventh International*,Vol. 1,pp. 443 - 446, 2003
H.B.Kekre, V.A.Bharadi e T K Sarode, "Dynamic signature recognition using time based vetor quantization by Kekre's median codebook generation algorithm", *Springer India*, 2010
J. Hasna, "Signature Recognition Using Conjugate Gradient Neural Networks", *IEEE transactions on engineering, computing and technology,* Vol.14, No.20, pp.169-173, agosto de 2006.
H.B.Kekre, V.A.Bharadi, "Pré-processamento de assinaturas dinâmicas por um analisador de diferenças digitais modificado", Thinkquest 978-81-8489-989-4_12, *Springer India*, 2011
A. S. Bommagani, M.C. Valenti, A. Ross, "A Framework for Secure Cloud-empowered Mobile Biometrics", Proc. da Conferência de Comunicações Militares do IEEE (MILCOM), (Baltimore, MD), outubro de 2014
P. Peer e J. Bule, "Building Cloud-based Biometric Services" , *An International Journal of Computing and Informatics*, vol. 37, pp. 115-122, 2013
A. A. Pawle e V. P. Pawar, "Face Recognition System (FRS) on *Cloud Computing for User Authentication*", n.º 4, pp. 189-192, 2013.
V. A. Bharadi e Joel Philip, "Signature Verification SaaS Implementation on Microsoft Azure Cloud", em 2016 *Proceedings of International Conference on Communication, Computing and Virtualization (ICCCV) 2016.*
C. N. Hoefer e G. Karagiannis, "Taxonomia dos serviços de computação em nuvem", *IEEE Globecom Work.*, pp. 1345-1350, Dez. 2010.
E. Kohlwey, A. Sussman, J. Trost, e A. Maurer, "Leveraging the cloud for big data biometrics: Meeting the performance requirements of the next generation biometric systems," in *Proceedings - 2011 IEEE World Congress on Services, SERVICES 2011*, 2011, pp. 597-601.
A. K. Jain,P.FLynn, A. A Ross, "Handbook of Biometrics", *Springer, USA,*ISBN-13:978-0-387-71040-2,pp.1-23,2007.
H. B. Kekre, V. A. Bharadi , "Fingerprint & Palmprint Segmentation by Automatic Thresholding of Gabor Magnitude" , *2nd International Conference on Emerging Trends in Engineering & Technology , ICETET 2009* , pp.235-241, Dec. 2009.
H B Kekre e VA Bharadi," Gabor Filter Based Feature Vetor for Dynamic Signature Recognition", *International Journal of Computer Applications* (0975 - 8887) Vol. 2 -

No.3, May 2010.
H B Kekre, V.A.Bharadi, "Iris Recognition Using Discrete Cosine Transform and Kekre's Fast Codebook Generation Algorithm, *ACM International Conference & Workshop on Emerging Trends in Technology 2010 (ICWET 2010)*, Mumbai, fevereiro de 2010
H B Kekre, V ABharadi e T K Sarode, "Dynamic signature recognition using time based vetor quantization by Kekre's median codebook generation algorithm", *springer India*, 2010.
H.B.Kekre, Dhirendra Mishra e Chirag Thakkar, "Column wise DCT plane sectorization in CBIR"*(IJCSIT) International Journal of Computer Science and Information Technologies*, Vol. 3 (1) ,3229-3235,2012
H B Kekre e V A Bharadi, "Extração de características de textura utilizando o plano de Walsh complexo particionado no domínio da transformação para reconhecimento da íris e da impressão palmar", *em ICWET pela revista IJCA* número 3, 2012
H B Kekre, T. Sarode, "Clustering Algorithm for codebook generation using Vetor Quantization", Actas da Conferência Nacional sobre Processamento de Imagem 2005, TSEC, Mumbai.
Tamanho da VM do Azure : https://azure.microsoft.com/en-us/documentation/articles/virtual- machines-size-specs/ ,Acedido em 10.06.2016,10:40 AM.
V. A. Bharadi e G. M. DSilva, "Reconhecimento de assinaturas online utilizando o modelo de software como serviço (SaaS) na nuvem pública", in 2015 *IEEEInternational Conference on Computing Communication Control and Automation*, 2015, pp. 65-72.
Restful API Architecture : http://stackoverflow.com/questions/671118/what-exactly-is-restful-programming, Acedido em 10.06.2016,10:40 AM.

Printed by Books on Demand GmbH, Norderstedt / Germany